"高等院校儿童动漫系列教材"
编委会成员名单

"高等院校儿童动漫系列教材"聘请多名相关专业领域知名理论和技术专家、教授，并联合全国主要师范院校的动漫（动画、玩具、数媒专业）教学骨干教师成立教材编写委员会。编委会成员名单如下：

荣誉主编

朱明健（教授，武汉理工大学，教育部动画与数媒专业教指委副主任）

秦金亮（教授，浙江师范大学，中国学前教育研究会副会长）

主编

朱宗顺（教授，浙江师范大学杭州幼儿师范学院）

张益文（副教授，浙江师范大学杭州幼儿师范学院动画系）

周平（副教授，浙江师范大学杭州幼儿师范学院动画系）

副主编

严晨（教授，北京印刷学院新媒体学院院长，教育部动画与数媒专业教指委委员）

王晶（浙江师范大学杭州幼儿师范学院动画系主任）

房杰（浙江师范大学杭州幼儿师范学院动画系副主任）

何玉龙（浙江师范大学杭州幼儿师范学院玩具专业主任）

编委会成员

林志民（教授，浙江师范大学杭州幼儿师范学院动画系）

周越（教授，南京信息工程学院，教育部动画与数媒专业教指委委员）

周艳（教授，武汉理工大学，教育部动画与数媒专业教指委委员）

盛瑨（教授，南京艺术学院传媒学院副院长）

徐育中（教授，浙江工业大学动画系主任）

曾奇琦（副教授，浙江科技学院动画系主任）

阮渭平（副教授，衢州学院艺术设计系主任）

赵含（副教授，湖北工程学院动画玩具系负责人）

袁哲（讲师，浙江师范大学）

李方（副教授，苏州工艺美术职业技术学院工业设计系负责人）

白艳维（宁波幼儿师范高等专科学校，动画与玩具负责人）

胡碧升（高级玩具设计师，杭州贝玛教育科技有限公司）

杨尚进（高级玩具设计师，杭州小看大教育科技有限公司）

郑红伟（浙江师范大学杭州幼儿师范学院动画系教师）

王婍（浙江师范大学杭州幼儿师范学院动画专业教师）

周巍（浙江师范大学杭州幼儿师范学院动画专业教师）

任佳盈（浙江师范大学杭州幼儿师范学院玩具专业教师）

陈雪芳（浙江师范大学杭州幼儿师范学院玩具专业教师）

邱波（浙江师范大学杭州幼儿师范学院动画专业教师）

陈涤尘（浙江师范大学杭州幼儿师范学院动画专业教师）

陈丽岚（浙江师范大学杭州幼儿师范学院动画专业教师）

翁云云（浙江师范大学杭州幼儿师范学院玩具专业教师）

朱毅康（浙江师范大学杭州幼儿师范学院玩具专业教师）

陈征（浙江师范大学杭州幼儿师范学院玩具专业教师）

陈珊珊（浙江师范大学杭州幼儿师范学院玩具专业教师）

浙江省普通高校"十三五"新形态教材
浙江师范大学重点教材建设资助项目
高等院校儿童动漫系列教材

潮流玩偶服饰设计

陈雪芳　著

电子工业出版社
Publishing House of Electronics Industry
北京·BEIJING

内 容 简 介

本书主要结合着装玩偶市场现状与发展趋势，聚焦玩偶服饰如何进行创新设计展开研究。形成的理论体系与实践经验不仅可以培养学生在玩偶服饰方面的创新能力，也可以培养学生利用相关工具将设计方案进行可视化的视觉表达能力，同时还可以培养学生结合儿童发展的特点，在玩偶服饰中预设各种游戏活动的能力。

第一章主要阐述与玩偶服饰相关的背景与理论知识。第二章～第七章主要针对服饰的六大构成要素阐述玩偶服饰的设计思路与方法。第八章主要阐述玩偶服饰设计方案的视觉表现。第九章主要以玩偶服饰的设计流程为线索，将设计流程分为 6 个阶段，针对每个阶段要完成的主要任务，详细阐述相关知识点。此外，这部分还结合设计方法，分别进行了玩偶服饰设计效果图、玩偶服饰设计成品图案例展示与创意分析。

本书针对玩偶服饰设计的初学者，采取由浅入深、理论联系实际的方法进行阐述，在教与学两个方面都具有较强的可操作性。本书在阐述理论时，采用了大量原创设计作品作为案例，能够很好地开阔学生的眼界，启迪学生的设计思路。本书既可作为动漫和动漫衍生产品设计的参考教材，又可作为玩具设计专业的教材。通过学习本书，学生可以对玩偶形象进行个性化设定。

图书在版编目（CIP）数据

潮流玩偶服饰设计 / 陈雪芳著. —北京：电子工业出版社，2023.4
ISBN 978-7-121-45360-1

Ⅰ．①潮… Ⅱ．①陈… Ⅲ．①玩偶－服装设计－高等学校－教材 Ⅳ．① TS958.6

中国国家版本馆 CIP 数据核字（2023）第 060322 号

责任编辑：孟　宇　　　特约编辑：田学清
印　　刷：中国电影出版社印刷厂
装　　订：中国电影出版社印刷厂
出版发行：电子工业出版社
　　　　　北京市海淀区万寿路 173 信箱　　　邮编：100036
开　　本：787×1092　　1/16　　印张：14　　字数：334 千字
版　　次：2023 年 4 月第 1 版
印　　次：2023 年 4 月第 1 次印刷
定　　价：79.80 元

前　言

《现代汉语词典》中关于玩偶的定义是"人物形象的玩具，多用布、泥土、木头、塑料等制成"。由此可知，玩偶是人偶与玩具的结合。作为玩具的一个种类，玩偶具有悠久的历史，最早可以追溯到远古的新石器时期。随着历史的发展与时代的进步，现代玩偶在形式、材质、工艺、内涵等方面都发生了巨大的变化，深受不同年龄段人群的喜爱。其中，物美价廉的塑胶着装玩偶深受 3 ～ 14 岁儿童的喜爱。根据皮亚杰的"泛灵论"观点叮知，在儿童的世界里，万物都是有生命的，而对于酷似人形的玩偶，儿童更加愿意与其亲近。玩偶是儿童亲密的有生命和灵魂的朋友，儿童常常跟玩偶说话、分享情绪，许多儿童在吃饭、睡觉，甚至外出旅行时，都喜欢带上自己心爱的玩偶。本书主要是针对儿童这个特殊的"娃圈"喜欢的玩偶展开服饰设计研究。基于满足儿童对玩偶外在形象及游戏等方面的需求，本书主要从两个方面展开研究。

首先，从形式美的角度探讨玩偶服饰的设计规律。根据资料显示，让儿童十分着迷的是，玩偶有数不清的漂亮衣服可供儿童打扮。以经典的芭比娃娃为例，自问世以来，芭比娃娃的服饰数不胜数，且依然以每年多件新装的速度在持续增加。从诞生以来，虽然形象一直是大同小异的，但芭比娃娃却能在喜新厌旧的玩偶市场中经久不衰，主要是靠不断变化的服饰来掀起一个又一个消费热潮的。目前，市场上与芭比娃娃类似的玩偶有很多，如可儿娃娃、布莱斯（Blythe）娃娃等，均采取这种生产与营销模式。由此可见，设计时尚、新颖的玩偶服饰，是设计师的基本素养和能力。这也是本书想给未来设计师提供的第一个层次的帮助。

其次，从"玩"的角度探讨玩偶服饰如何充分发挥其作为玩具的游戏功能，助力儿童全面发展。目前，玩偶市场的诉求点主要是玩偶服饰的外观。儿童比较喜欢的玩法是利用服饰对玩偶进行装扮，而玩具商不断推出新款服饰迎合儿童求新求变的简单需求，是一种典型的以"追求玩偶服饰外观的新颖性"主导的闭环模式。基于玩偶服饰的玩法过于单一，作为玩具的游戏功能没有得到充分体现，导致其对儿童发展的助力作用非常有限。此外，从物尽其用的角度来看，玩偶服饰没有做到"物尽其玩"。因为儿童普遍喜欢着装玩偶，如果设计师能充分利用儿童的这种兴趣在设计中预设多种游戏活动，使儿童能利用玩偶服饰沉浸式地玩，那么玩偶服饰就可以充分发挥其潜在的发展价值。为此，

针对如何在玩偶服饰中预设丰富的游戏活动，作者结合多年实践经验，诠释了一些可供参考与借鉴的设计方法。

通过查询相关研究可以发现，学界对玩偶服饰游戏功能与发展价值的探讨甚少。目前，只有少量关于玩偶服饰的研究，主要偏重制作方法的探讨。总体来看，学界鲜见结合儿童发展需求探讨玩偶服饰设计的研究。立足于此，本书在如何开发玩偶服饰的游戏功能，以及如何提升玩偶服饰的发展价值等方面展开研究，具有一定的理论价值和现实意义。

2022 年 12 月

目　　录

潮流玩偶 服饰设计

第一章 概述

导读:

通过本章学习,学生能够了解玩偶服饰设计的概念,玩偶服饰与真人服饰的联系与区别,玩偶服饰的发展,以及玩偶服饰中的游戏功能。本章针对儿童这个特殊的玩偶服饰消费群体,阐述了玩偶服饰设计中预设多种游戏活动的可能性,以及游戏活动的预设原则,并结合儿童的5种游戏活动特点,阐述了玩偶服饰设计中预设多种游戏的基本方法。

玩偶是玩具品类中一个重要的组成部分,在儿童成长过程中,以及其他年龄层人群的情感生活中发挥着非常重要的作用。"玩偶"的概念由早期的"人偶"演变而来。在人类早期,有石、木等制作的人偶、兽偶及木偶等,主要安置于陵墓、寺庙与家族祠堂等环境中。比如,秦始皇陵墓中的兵马俑、寺庙中的佛与神像等,主要用于摆设、祭祀或者供人参拜。随着社会的发展、科技的进步,以及人类不断变化的精神需求,利用新材料、新技术与新工艺制作的各式人偶具有了玩家可参与、把玩的特性,因为其具有了"玩"的特点,所以"玩偶"的概念应运而生。

玩偶中"玩"的功能,主要体现在玩家对玩偶的参与行为上。当今,玩偶的品类非常丰富。按形象分类,有人偶、动物玩偶、植物玩偶,以及影视动漫作品中虚构的各种形象玩偶;按材料分类,有树脂、PVC、木制、布绒等玩偶。其中,人偶按着装特点分类,又被细分为两大类。一类是服饰材质与人偶身体材质一致的人偶,其服饰是不可替换的,如泥塑、面塑、软陶、PVC、树脂等材质的人偶,其中一部分人偶主要用于静态装饰,如泥塑、面塑、软陶等玩偶;另一部分人偶则用于一些"模型发烧友"进行拆装与改装,如PVC、树脂等材质的人偶。另一类人偶的身体部分一般使用PVC、树脂等材质制作,有各种活动关节,其服饰是由各种布、绒及皮革等软性材质制作完成的，因为可以根据玩家心情进行随意换装，所以这类人偶又被称为换装玩偶。换装玩偶不仅有针对成人的比较高端小众的 BJD、SD 玩偶，而且有专门针对儿童的中、低端 PVC 玩偶，如芭比娃娃、可儿娃娃等。服饰是决定一个换装玩偶颜值非常重要、凸显的因素，往往一个玩家在拥有一个换装玩偶后，后期会为玩偶添置各种服饰。

本书中所描述的玩偶主要是着装玩偶。针对玩家对玩偶进行装扮的需求，结合服饰设计的构成要素，本书中阐述了玩偶服饰的设计规律与基本方法。另外，针对儿童这个特殊的玩偶消费群体，玩偶服饰设计不能只局限于外观设计。因此，本书结合儿童的发展特点，探索在玩偶服饰设计中，如何预设一些丰富的游戏活动，以充分发挥玩偶及玩偶服饰的最大价值，促进儿童各方面能力的全面协调发展。

第一节　玩偶服饰设计的概念

"玩偶服饰设计"一词既可以作为名词又可以作为动词。在作为名词时，它是一种设计作品形式；在作为动词时，它是一种设计类的创作活动，主要是为各种类型的玩偶设计服饰，以满足玩家的审美、情感及游戏等需求。那么这一创作活动具体涉及哪些内容呢？本书主要聚焦哪些内容呢？在回答这些问题之前，我们需要对"玩偶服饰设计"的概念进行简要梳理。

一、服饰

"服饰"有两方面的含义。一种指服装和饰品，包括衣服在内的鞋子、帽子、包袋、袜子、手套、围巾、首饰等装饰人体的一切物品，强调一种整体的穿着效果，对人体进行暂时改变和永久改变的均为服饰；另一种为与服装搭配的饰品，如首饰、鞋子、帽子、包袋及腰带等。

二、服装

服装作为每个人日常生活的必需品，我们应该非常熟悉，但如果要准确地给服装下一个定义，却并不是一件简单的事情。"服装"一词，在《辞海》中的解释有："服，泛指供人服用的东西。"其指缠绕身体主要部位的东西，上衣、下衣、外衣统称为衣，也称衣服。《辞海》中的解释还有："装，为服装。"其做名词，如上装、下装、便装、军装；做动词，如装扮、乔装、伪装、装饰等。在古文献中，"服"字不仅指衣服和穿衣，而且引申到其他社会行为、习惯、场合等。在屈原的《橘颂》中有："后皇嘉树，橘徕服兮。"服，习也，讲的是风习和适应，即变化习性和内在适应。可见，要想真正理解"服装"一词，还必须对与"服装"相关的一些概念进行一些了解。

（一）衣裳

衣裳是中国古代流传下来的一种说法，《说文解字》中称："衣，依也，上曰衣，下曰裳。"可见，衣裳指上体和下体衣服的总和。

（二）衣服

《中华大字典》中称："衣，依也，人所依以庇寒暑也。服，谓冠并衣裳也。"可见，衣服与衣裳的意思大致相同，在古代衣服还包括头上的帽子。

三、玩偶服饰设计

玩偶服饰是玩偶服装和饰品的总称，是确定玩偶角色属性十分重要的因素。不同造型与风格的服饰传递出玩偶不一样的精神气质，这一点与我们生活中对他人着装的感受是一样的。服饰是人的个性、风格的亮相，是人的第一层皮肤、第二个性格。同样一个人，如果穿上不同风格的衣服，给人的精神面貌就有很大的差异。当他穿上运动装时，会给人一种充满活力与朝气的感觉；当他穿上得体的西装时，他又摇身一变成为一个沉稳、干练的企业家和政客；当他穿上浅色亚麻或丝质的休闲服时，他又像一位率真、随性的艺术家。玩偶亦是如此，当一个玩偶以素体的形态展示在你面前时，玩偶的身体和关节一览无遗，即使它再美丽动人，你也很难把它与某种角色关联起来。俗话说，"人靠衣装马靠鞍"，服饰在玩偶身上产生的作用也同人一样。漂亮的服饰不仅可以装饰玩偶，遮住玩偶本身的关节瑕疵，而且可以塑造一个全新的角色形象。因此，玩偶服饰决定了玩偶的角色定位与形象气质。

由于换装玩偶关节可动，更换服饰比较方便，因此其形象的可塑性非常强。一般一个玩偶模型在更换一种发型、妆容或一套服饰后，便可以改变整体气质与形象，给人不一样的视觉感受和心理体验。如图1-1和图1-2所示，同为芭比娃娃，由于服饰不同，因此玩偶的形象与气质有很大的差别。礼服版芭比娃娃华贵、大气，像一个触不可及的明星；而时尚版芭比娃娃则给人时尚、自然的感觉，仿佛一个熟悉的邻家小妹。

图1-1　礼服版芭比娃娃　　　　　　　　　图1-2　时尚版芭比娃娃
（图片来源：必应官网）　　　　　　　　　（图片来源：必应官网）

任何设计都是为了引导或满足消费者的物质和心理需求，玩偶服饰设计也不例外。玩偶服饰设计主要是根据不同消费群体的身心发展特点、兴趣爱好等因素，结合玩偶的身高、肤色及妆容等特质，设计适合装扮玩偶的服装和饰品的一种创作活动。对于儿童的玩偶服饰设计，不仅要注重新颖的外观设计，而且要注意结合儿童发展预设丰富的游戏活动。

本书在具体章节中根据表述内容的不同，有时使用"服饰"，有时又使用"服装"。如表述内容涉及玩偶服饰的整体状态时，内容包含服装与饰品，此时一般用"服饰"进行表达，如第一章、第七章、第八章和第九章的一级标题及相应章节的具体内容；而在表述内容只涉及服装时，则使用"服装"进行表述，如第二章、第三章、第四章、第五章和第六章的一级标题及相应章节的具体内容。

第二节　玩偶服饰与真人服饰的联系与区别

从外观上看，玩偶服饰是真人服饰的缩小版，但由于玩偶服饰可以不具有实用功能，因此玩偶服饰与真人服饰既有联系又有区别。

一、玩偶服饰与真人服饰的联系

（一）风格相似

玩偶服饰与真人服饰一样，具有不同的风格。在服饰领域中，风格指任何已知时期或文化中服饰的一种主导样式，是整体形象中表现出来的较为稳定的精神感受与视觉体验。这种主导样式既可以代表一个漫长的时代，又仅存在于一个短暂的瞬间，但时尚流行存在轮回现象。著名设计师 Chanel 曾说："时尚在变化，而风格永存。"某些风格在消失一段时间后，会卷土重来，只不过加入了某些新的元素，如新型面料、新图案，以及新的元素组合方式等。服饰风格的分类如表 1-1 所示。

表 1-1　服饰风格的分类

具体的风格	体现风格的具体符号	风格体现的情感关键词
波希米亚风	皮流苏、褶皱、大摆裙、蜡染印花等	自由洒脱、热情奔放
英国绅士风	西装三件套配领带、马甲配衬衫等	合身不紧身、儒雅
美国西部风	牛仔服、修身臀部、长筒皮靴等	强悍、粗犷、自我、帅气
和风（日本风）	碎花、和服、典雅的色彩等	典雅、古朴、神秘
汉服风	交领右衽、袤衣广袖、细带隐扣等	安逸、超然、典雅、清新
中世纪风	褶领、紧身衣、镶边长裙、骑士盔甲等	庄重、肃穆、沉重
维多利亚风	蕾丝、细纱、荷叶边、缎带、蝴蝶结、多层次的蛋糕裁剪、折皱，以及立领、高腰、公主袖、羊腿袖等	华丽而又含蓄、柔美
哥特风	层层叠叠的黑色、尖尖的鞋子和帽子、搭配惨白的皮肤等	颓废、阴暗、扭曲、叛逆
罗可可风	紧身胸衣、裙撑、蕾丝荷叶边、装饰繁复等	飘逸、性感、奢华、华丽、细腻、繁缛

具体的风格	体现风格的具体符号	风格体现的情感关键词
超现实主义风	打破常规的服饰造型与图案等	无逻辑性、无秩序性、错视觉
视幻艺术风	周期性变化的几何体或色彩排列等	刺激、新奇、动感、魔幻
印第安风	头饰鹰羽冠、面具、纹面，以及装饰鱼类、走兽和飞鸟的披肩与披毯等	大自然的气息、朴实、浓烈
朋克风	破烂、方钉或锥形钉、金属配饰等	鲜艳、破烂、简洁、性感
田园风	纯棉质地、小方格、均匀条纹、碎花图案、棉质花边、泡泡袖等	清新健康、自然随性、恬淡怡人
都市风	直身形、常规领、直筒袖、灰色等	清爽、干练、自信
少女风	彼得翻领、格纹、卡通图案、粉色等	清新、俏皮、活泼、甜美
中性风	对称门襟、肩育克、无彩色等	自信、幽默、摩登、帅气
军士风	多口袋、迷彩、军靴等	自由、率性、冒险精神
牛仔风	牛仔面料、百搭等	性感、青春
洛丽塔风	荷叶褶、蕾丝、蝴蝶结、卡通动物图案等	可爱、烂漫、复古、优雅
香奈儿风	两件式的斜纹软呢套装、菱格纹金属链皮包等	时尚、优雅、简洁、精美
迷你风	超短、腰部紧身等	时尚、朝气
宽松风	夸张的长度和维度等	随意、帅气、自我
低腰风格	低于正常腰节线（3厘米或更多）的牛仔裤、牛仔裙等	时髦、新鲜、前卫、中性、冷艳、酷

通过梳理文献可以发现，关于服饰风格类别的表述多达上百种，但是存在概念交叉、模糊及重叠等现象。文献中出现频率非常高的关于服饰风格的表述有民族、传统、古典、浪漫、现代、优雅、中性、前卫等。从以上常见的关于服饰风格的表述中可以看出，有几种概念是重叠的，如民族风格、传统风格及古典风格，因为民族风格带有传统风格，传统风格又是某个民族风格的延续；既然是传统风格，那么和现代风格相比，它也具有古典风格。所以这3个概念比较模糊，且具有交叉性。此外，可以看出在以上表述中有出现模棱两可的现象。例如，因为一般古典、浪漫的服饰，也有优雅的特质，所以古典风格、浪漫风格及优雅风格的概念比较模糊，不具有清晰的指向性。以现代风格与中性风格为例，有些文献中对现代风格的解读是简略、内敛，但这不就是中性风格的特质吗？因此，关于服饰风格的分类，人们在平时生活中有各种自由的表述方式，但是如果从研究的角度来分析，那么应该注意每种服饰风格明确的指向性，以及不同服饰风格之间的逻辑性。为此，本书结合相关文献，按照空间、时间、艺术流派、文化群体、个人形象、服装自身特点，以及廓型特征等维度，对服饰风格进行了梳理。

（二）服装结构相似

服装结构是服装部件之间的连接方式。首先，在外形与结构上，玩偶身体与真人身体是相似的。玩偶身体是真人身体的缩小版，只是为了凸显身材，在某些部位的比例上进行了一些缩小与放大。虽然玩偶的身体结构比较简略，但其身体的体块特点与真人一致，

因此玩偶服装与真人服装的主体结构也是相同的。如袖子、领子与衣片正身的连接，裤子、半身裙与腰部的连接，以及为了凸显身材的腰部省道等。

其次，因为服装结构是受服饰风格制约的，所以在风格相同的前提下，玩偶服装与真人服装的主体结构也是相同的，只是由于玩偶的肢体不像真人那样足够灵活，在为其穿脱衣物时会受到一定限制，因此玩偶服装与真人服装局部的结构会有所不同。

二、玩偶服饰与真人服饰的区别

（一）需求对象不同

真人服饰主要是满足人的生理与精神需求。因为在真人服饰设计中普遍遵循的 5W 原则，主要是对应这两种需求的，所以它也是人们在生活中选择服饰时需要遵循的基本原则。5W 原则的具体内容如下。

何人穿（Who）。由于每个人自身的形象特点、对生活的态度、文化修养、气质特征、社会地位、职业范围，以及经济条件不同，因此对服饰的要求也不同。

何时穿（When）。何时穿一般分两种情况，一指穿着的季节，即春、夏、秋、冬；二指一天中的白天或夜晚。每个人穿衣应与季节、具体时间协调才会显得比较和谐、自然。

何地穿（Where）。何地穿主要指场地和环境，场地主要指车间、办公室、宴会厅、商店等，环境主要指地理环境，如南方、北方等。因为人是环境的一部分，所以人的服饰一定要与环境相协调。

为何穿（Why）。穿着的目的和用途不同，对服饰的要求自然不一样，如用于宾馆服务、接待外宾、出外旅游等，在穿着打扮上就要分别对待。

为谁穿（Whom）。说到底，在大多数公开场合，服饰并不是为自己穿的，而是希望得到别人的认可，以满足被认同、被爱的心理需要。因此，在选择服饰时，一定要结合当下的人际关系，选择适宜的装扮。

玩偶服饰主要是为了满足玩家的精神需求。对于儿童来说，玩偶服饰主要是为了装扮玩偶，塑造玩偶角色形象，不具有任何实用功能。有时儿童把玩偶想象成需要照料的对象，有时儿童又将玩偶想象为他们自己，或者将玩偶幻想成自己长大之后的样子，他们用换装的方式表达自己的情感与幻想。对于成年人来讲，由于各种压力使得他们把玩偶当作调节身心的对象，玩偶服饰是他们主观上想突破现实中的各种限制，尝试各种可能性，追求平衡和愉悦的途径。因此，玩偶穿什么，是玩家说了算的。

（二）功能不同

服饰的功能主要指着装的目的。针对人们穿衣服，从生物学的角度来看，它的功能是进行体温调节和保护身体；从社会学的角度来看，它的功能是礼貌、身份与地位的标志，个人兴趣的展现；从美学的角度来看，它的功能是衬托、装饰、美化人体。为此，对于真人来说，服饰具有物质功能和精神功能。它在满足人们不同穿衣需求的同时，也在一定程度上修饰了人体美。

玩偶服饰的功能主要是满足玩家的情感功能和游戏功能。对于年轻玩家来说，为选购玩偶、收纳整理服饰，以及利用服饰装扮玩偶，是他们逃离孤独感、减轻压力的方式。例如，有一种00后追星族被称为"饭圈粉"，这群人大多数为女生，她们每天的功课就是在微博上签到打卡、打榜、应援，对爱豆内容进行转、赞、评，看视频和追综艺。同时，这个群体还流行购买、收藏偶像同款玩偶，因此她们的玩偶也被称为"饭圈娃娃"，她们被称为"娃妈"。拥有"饭圈娃娃"的"娃妈"玩养成游戏又俗称"养孩子"。有些"饭圈粉"不惜用生活费去"养成玩偶"，一年时间内给"孩子"买衣服就多达上万元。购买这些玩偶的粉丝除00后外，也有大龄单身女青年。女孩子们十三四岁就成人了，一般到二十七八岁才生孩子，在这样漫长的一段时间内她们的"母爱"无法寄托，于是她们就把爱豆当孩子养了。"娃妈"不但要奋力保护自己的"孩子"远离世界的种种纷扰，而且为了颜值不输给别家的"孩子"，还要花费心思对自己的孩子进行各种装扮。

此外，有些玩家除了对玩偶进行不同服饰的穿搭，还视玩偶为生活中的亲密伙伴。如图1-3和图1-4所示，有些玩家把玩偶摆放在家中十分重要的位置，让玩偶成为家中不可或缺的一员；有些玩家与玩偶形影不离，甚至经常带玩偶旅行，在知名景区给玩偶拍照等。

图1-3　益米娃娃（图片来源：天猫官网）　　　　图1-4　可儿娃娃（图片来源：必应官网）

另外，儿童作为年纪比较小的玩偶玩家，玩偶服饰是他们十分喜欢的玩具，特别是女孩子，尤其喜欢玩偶。有时，玩偶好像是她们的孩子，她们常常像母亲照顾孩子一样，给玩偶穿搭各种服饰；有时，玩偶又像是她们自己，她们常常幻想自己将来的样子，设想自己将来的职业和形象，于是利用不同的服饰把玩偶打扮成各种样子。

（三）局部工艺不同

为了方便玩家对玩偶服饰进行穿脱，玩偶服饰的制作工艺在某些细节上和真人服饰略有不同。因为关节可动会使玩偶更好地呈现服饰不同动态的造型和美感，所以当下的玩偶一般都是关节可动的，玩偶肢体具有一定的灵活性，但由于材质的局限性，因此玩偶身体仍然比较僵硬，穿脱服饰时有一定的限制，这就导致玩偶服饰的工艺与真人服饰有些差异，主要体现在一些细节中。首先，因为玩偶身体没有弹性，且玩偶的手不像人类那样可以灵活翻转、伸缩，所以玩偶服饰不可制作得太紧身，尤其是在领口、袖口与裤脚口处，否则会严重影响穿脱。虽然玩家在穿脱服饰时可以卸下玩偶的手臂、手部与脚部等关节，但这样做毕竟很麻烦，且反复拆卸也有损玩偶的身体部件。其次，因为玩偶四肢比较僵硬，所以玩偶的上衣一般采用套头设计，在制作时应将门襟安置在背后，这样既不影响视觉效果，又方便穿脱。此外，出于玩偶服饰没有实用性和舒适性的考量，有些玩偶服饰的细部工艺比真人服饰更加简洁。例如，真人服饰需要在连接处安装美观、牢固的拉链、纽扣等，而玩偶服饰则只需使用字母贴就可以了，即使在外观上为玩偶服饰设计了纽扣，但在缝制时也可以不考虑其实用功能，只需将其缝在适当的位置就可以了。又如，真人服饰的腰部，往往需要利用省道来制作出裤子和裙子的合体感，而玩偶服饰仅使用橡筋就可以了。总之，玩偶服饰在设计时主要应注重外观，而在制作时，一定要结合其可玩性与制作成本，考量结构和工艺。

第三节　玩偶服饰的发展

　　玩偶服饰的产生与发展是紧紧伴随着人偶的产生与发展的。人偶产生之初与服饰相互依存，不可分割。但不同年代的社会生活与文化习俗不同，导致人偶角色与功能不同，人偶服饰的形制与功能也存在很大差异。根据史料显示，最早的人偶可以追溯到远古的新石器时期，主要用于宗教、祭祀等场合。因为人偶象征着神灵、祖先等角色，所以人偶服饰主要体现角色的身份。由于这段时期的人偶不具备玩的功能，因此适合以"人偶"称之。14 世纪末期，是人偶及其服饰的身份与功能发生变化的转折期，由此开始，人偶服饰进入全新的玩偶服饰发展阶段。之所以称之为转折期，主要是因为从这个时候开始，人偶不再是被供奉、缅怀与追思的神灵、祖先等，而是现实生活中的时尚人物或幻想中的理想人物形象。而其服饰也不仅是如实反映人偶的身份与地位的道具，还是引领时尚，千变万化的时髦装扮。人偶是玩家可以随意把玩的工具。这一时期的人偶被称为"玩偶"更加能显示其时代特点。基于对玩偶服饰的追述，本节主要从 14 世纪末期开始，对玩偶服饰的 4 个主要发展阶段展开梳理。

一、传播时尚的媒介——欧洲的时装玩偶服饰

　　欧洲的玩偶最初是以时装模特的身份出现的。早在中世纪时期，时装玩偶已经出现，当其发展至中世纪晚期时，时装玩偶不但是皇家宫廷的奢侈品，而且是非常贵重的礼物，是时尚的代表。根据 1391 年法国宫廷记录，法国查理六世的妻子伊莎贝拉皇后送给英国女王一个真人大小的洋娃娃，并且还为洋娃娃穿上了时髦的法国宫廷时装。五年以后，

法国宫廷又送给英国女王一个洋娃娃，其服饰是按照英国女王身材设计的。当时，法国宫廷把时装玩偶作为珍贵礼物进行赠送的行为逐渐形成一种风俗习惯，欧洲各国每年互赠洋娃娃以表示尊重。后来，时装玩偶作为时尚玩物从法国宫廷流行开来，乃至整个上流阶层都纷纷效仿。当时，皇室中还流行以某一权贵的形象作为时装玩偶原型。图 1-5 所示为 16 世纪以玛丽·美第奇为原型的时装玩偶。从外形来看，该玩偶制作非常精美。后来，服装商也开始利用时装玩偶宣传新的服饰产品。当时没有发达的传媒传播流行时尚信息，也没有合适的机会来展示新款服饰，于是服装商将制作精美的缩小版新款服饰穿在玩偶身上，赠送给宫廷权贵及各大名媛，让其作为挑选服饰的参考。时装玩偶除了用来展示服装，还用来展览最新的发型、头饰、化妆和其他手提包等附件。时装玩偶既是珍贵的礼品，又是直观的产品媒介，担负着传播时尚趋势的重要使命，将时尚趋势从巴黎发布到整个欧洲宫廷及贵族圈中。直至 20 世纪中期，随着真人模特、时尚杂志等新兴媒介的出现，时装玩偶才被重新定义。

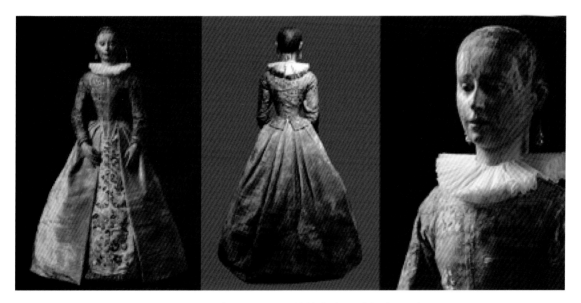

图 1-5　16 世纪以玛丽·美第奇为原型的时装玩偶

从 17 世纪的巴洛克时期到 18 世纪的洛可可时期，这一时间段可谓是时装玩偶发展的鼎盛阶段。时装玩偶没有绝对固定的形制，风格比较多元。例如，一款起名潘多拉的时装玩偶，分为大小两种，大潘多拉尺寸较大，一般穿着礼服、正装等服饰；小潘多拉尺寸稍小，一般穿着连衣裙、外出装等日常服饰。根据玩家的心情和喜好，玩偶服饰可以随意更换。这一时期的时装玩偶逐步发展成为高级时装贸易的重要组成部分。

随着女性时装玩偶的重要作用被服装领域广泛认可，男性与儿童时装玩偶也开始出现。自 14 世纪以来，时装娃娃仅用于女装。从 17 世纪开始，时装玩偶逐渐成为传播男性和儿童时装的信息。图 1-6 所示为 17 世纪流行的一款颇具代表性的男性时装玩偶，头戴披肩假发，身穿紧身鸠斯特科尔。搭配鸠斯特科尔领饰的风潮在那时流行的男性时装玩偶身上被表现得淋漓尽致。

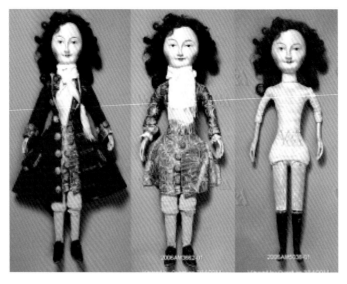

图 1-6　17 世纪男性时装玩偶

在 17 世纪的英格兰上层社会，时装玩偶也十分流行，且当时人们非常重视玩偶服饰的变化与搭配。图 1-7 所示为 17 世纪流行的一种玻璃眼的木质时装玩偶。它高约 55 厘米，穿着包括束腰、丝袜、亚麻衬裙、亚麻罩衫、织锦长裙和配套鞋子在内的全套服饰。根据玩家心情和喜好，玩偶服饰可以随意更换。

图 1-7　17 世纪的木制时装玩偶

19 世纪，对于时装玩偶来说是十分重要的转折阶段。这一时期随着工业革命（1760—1860 年）的继续深入发展，整个西方城市文明得到进一步繁荣，欧洲资本主义进入全面兴盛和发展时代。法国对流行时尚的影响在西方社会依然处于格外重要的地位。拿破仑·波拿巴（1769—1821 年）在人们的印象中，只是一个残酷的军人和野心家，而实际上他对法国服饰的关心不亚于对法国战争的关心。一方面，是为了鼓励法国纺织工业的发展；另一方面，则是为了利用奢华的服饰提升他在宫廷的威望。在拿破仑宫廷中没有人穿同样的衣服出现两次，在一段时期中巴黎的时装绝不会一样。图 1-8 和图 1-9 所示为 18 世纪 40 年代的时装玩偶和 18 世纪 80 年代的时装玩偶。从其面料的绣花工艺，以及华丽的装饰可以看出，当时的服饰极为奢华。在此背景下，一方面，时装玩偶产业的逐步成熟与系统化使越来越多的人开始涉足时装玩偶这个领域。在这一时期，时装玩偶生产商如雨后春笋般出现，其中不乏像朱莫家族等具有自身特色的典型代表。另一方面，时装玩偶产业的规范化促使时装玩偶服装的配饰、家居用品等分支产品也一一独立出来形成独立的产业，并且其奢华程度丝毫不输给时装玩偶这门主业。在 19 世纪至 20 世纪，橡胶与杜仲胶这些新型材料的出现对时装玩偶的制造也产生了一定的影响，虽然使用新型材料来制作时装玩偶的生产商在这一时期并不是很多，但一批敢于尝试新型材料的生产商，为 20 世纪新型材料在时装玩偶制造业中的运用与推广起到了十分重要的作用。

图 1-8　18 世纪 40 年代的时装玩偶　　　　　图 1-9　18 世纪 80 年代的时装玩偶

19 世纪末期至 20 世纪早期，由于知识的进步与科技的发达，社会变得复杂与多元，时装玩偶在这种背景下也发生了很大的变化。伴随着自由主义、社会主义等近代文艺思潮的产生，蓬勃发展的时装玩偶产业也出现了针对自身社会意义的关注与思考。德国逐渐掀起一股"人偶改革"的热潮。这一改革的目标主要是希望通过改革时装玩偶来塑造一个理想化的新世纪女性形象，这一时期的玩偶服饰整体上变得更加简洁。图 1-10 所示为 19 世纪的时装玩偶，其结构与装饰没有以前奢华与复杂。

图 1-10　19 世纪的时装玩偶

由于 20 世纪各种新兴科技的产生，以及大众媒介的发展，时装玩偶在展示服装信息方面的能力逐渐变弱，似乎已经被服装界淘汰。早在 18 世纪末期，巴黎就出现了第一本名为《时装》的杂志，后来出现了一本名为《美术》的杂志。这些杂志仅仅是为那些达官贵人服务的，并很快先传到英国，再传到美国，在转播时装流行信息方面从此代替了时装玩具。此外，发行量较大的报纸也加速了时装信息的传播，有些报纸甚至在星期日版的黑白照片栏登载时装信息。它使大城市以外边远地区的人们能够在很短的时间内获悉时装信息，收入一般的妇女能够熟悉当代时装的发展趋势和巴黎时装资讯。为此，人们对服装的观点逐渐发生改变，过去人们围绕着宫廷中流行的时尚进行效仿，而如今人们更多地适应着不断复杂化的社会生活需要而进行装扮，人们追求自由的特色和实用的价值。为此，时装玩偶不再是流行时尚的代言人，而渐渐沦为儿童的玩物。然而，在时装玩偶淡出服装领域的短短几十年后，它在 1945 又成功地回归时尚圈，用全新的面貌证明了自己不可小觑的实力。

二、预演成人世界的工具——儿童玩偶服饰

淡出服装领域的时装玩偶成为儿童的心爱之物。最早的玩偶基本上都是模仿成人体型制作的，但是后来为了满足儿童的游戏需要，玩偶形象逐渐演变成胖墩墩的婴幼儿体态。图 1-11 所示为 20 世纪早期的儿童玩偶。玩偶服饰也相应地演变成婴幼儿服饰。这一时期，家长乐于看到女孩在与婴幼儿体态的玩偶游戏时，把自己当作玩偶的妈妈、老师，或者把玩偶当作自己的小弟弟、小妹妹，女孩们通过帮助小弟弟、小妹妹换衣服、梳头等，习得各种日常生活知识，以便适应将来的成人生活。20 世纪上半叶，大多数的换装玩偶都是儿童身材。直到 1959 年，露丝·汉德勒发明了芭比娃娃，这一状况才得以改变。

图 1-11　20 世纪早期的儿童玩偶

三、儿童未来形象的装扮道具——芭比娃娃服饰

芭比娃娃是美泰公司生产的一个 11.5 英寸（1 英寸 =2.54 厘米）高的塑料玩偶。作为近代换装玩偶的代表，芭比娃娃创造了玩具行业的一个奇迹。最初的芭比娃娃是根据一个叫作莉莉的人偶形象设计的。莉莉在德国原是一个漫画人物，是一位成熟、性感的

职业女性。漫画从 1952 年开始连载，玩偶在 1955 年面市。身为美国一家玩具小厂老板夫人的露丝·汉德勒是两个女儿的母亲，她平时在观察女儿游戏时发现，她们都特别喜欢给娃娃换衣服，但当时她们玩的是纸片人，衣服也是纸质的。当时，露丝·汉德勒心想，能不能开发一个可以让孩子们用真实的服饰进行装扮的立体人偶玩具呢？ 1959 年，露丝·汉德勒在德国旅行期间，在一个酒吧里偶然发现了一个玩偶莉莉，当时她心情非常激动，觉得莉莉的形象非常契合她心目中想要设计的玩偶形象。回国后，露丝·汉德勒根据莉莉的玩偶形象设计了芭比娃娃，"芭比"的名字是根据其小女儿的名字命名的。几经周折后，终于在 1959 年 3 月 9 日，芭比娃娃在纽约的玩具博览会上首次登场，当年就卖出 35 万余件。到了 1964 年，美泰公司买断了版权，莉莉玩偶停产。半个世纪以来，露丝·汉德勒创造的芭比娃娃几乎成为全世界女孩的心爱之物。

芭比娃娃的成功主要源自两个方面。一方面，与传统的玩偶相比，芭比娃娃的玩法发生了根本性的改变。在此之前的婴幼儿型玩偶一般是儿童被照料的对象，是训练儿童将来能成为称职母亲的工具。然而，随着经济、文化与社会生活的发展，女性逐步走出家庭，在各个领域中担任着不同的角色，这一切变化让儿童感觉到，未来的生活是丰富多彩的。成人体型的芭比娃娃可以穿着各种漂亮的服饰。为此，儿童借助漂亮服饰打扮的芭比娃娃，仿佛就是自己将来长大后的样子，芭比娃娃让儿童想象自己未来的样子，借助各种职业、身份、性格等标签化的漂亮女装进行各种装扮，在游戏中实现所有幻想。在传统的玩偶服饰游戏中，儿童却是玩具娃娃的照料者，其角色是固定、单调的；而在芭比娃娃的服饰装扮游戏中，芭比娃娃成人化的形象设计打开了儿童的视野，儿童可以通过芭比娃娃感知到幼儿园和学校以外的世界，体验成人生活的各个层面。芭比娃娃是儿童假想的自己，芭比娃娃让儿童感受到，未来的生活中有多种可能性，自己无所不能。

另一方面，紧跟时代潮流不断创新玩偶服饰，是芭比娃娃获得成功的另一个关键因素。多年来，芭比娃娃的形象整体上比较固定，仅局部偶有变化，主要靠源源不断的漂亮服饰吸引儿童的兴趣。伴随着流行艺术、社会热点、时事变迁等各种主题，美泰公司不断为芭比娃娃推出新款服饰，始终保持着玩偶市场的畅销地位。芭比娃娃最初的定位是十几岁少女的时尚模特，但为了证明芭比娃娃不是一个头脑空空的花瓶，美泰公司让芭比娃娃扮演了越来越多的几乎所有可以想象到的职业。图 1-12 所示为空姐、健身教练、职场白领、宇航员、医生等角色的芭比娃娃。图 1-13 所示为智能版芭比娃娃。进入智能时代后，芭比娃娃是自带摄像功能的时尚女郎。多款宇航员芭比娃娃是其服饰紧跟时事热点的典型案例。1965 年，为了纪念全球首名女宇航员捷列什科娃飞向太空，第一款宇航员芭比娃娃问世。后来，随着各国航天事业的热点传播，不同国籍的女宇航员芭比娃娃陆续问世。图 1-14 所示为俄国女宇航员安娜·基基娜芭比娃娃。至 2021 年 3 月，俄国女宇航员安娜·基基娜也成为芭比娃娃的原型。直到目前，芭比娃娃已拥有多个不同国籍的身份。其可以是印第安娃娃、拉丁娃娃，也可以是中国娃娃、黑人娃娃。为开发出更多系列产品，美泰公司还为芭比娃娃设计了多姿多彩的生活方式。其有专属的卧室、客厅、浴室、厨房、家具、餐具、汽车，甚至手表、耳环、化妆品等各种服饰品，满足芭比娃娃参加各种活动的需求，如"缤纷巴黎""罗马假日""花园宴会""热爱阳光""迷醉之夜""复活节花车""聚光灯下的独唱""周五的约会"等。

图 1-12　不同角色的芭比娃娃（图片来源：必应官网）

图 1-13　智能版芭比娃娃
（图片来源：必应官网）

图 1-14　俄国女宇航员安娜·基基娜芭比娃娃
（图片来源：必应官网）

　　服饰的持续创新，是芭比娃娃保持不老神话的秘诀，以至于它能在玩具这个短命的行业始终保持市场热销的状态。经过粗略统计，芭比娃娃从诞生至今，穿过上亿件的时装，平均每年都会有超过上百款的芭比娃娃新装上市，并且有"小黑裙"系列、婚纱系列、复古系列等时装系列推出，甚至一些大牌的经典设计也会出现在芭比娃娃身上。芭比娃娃产品形象的设计及营销模式的成功对玩偶市场有着深远而持久的影响，如玩具市场上陆续出现的可儿娃娃、贝兹娃娃及布莱丝（Blythe）娃娃等换装玩偶，虽然在市场定位、玩偶外观等方面与芭比娃娃有所不同，但基本的经营策略与芭比娃娃是相似的。图 1-15 所示为可儿娃娃，图 1-16 所示为贝兹娃娃，图 1-17 所示为布莱丝（Blythe）娃娃。以

2004年诞生于广东可儿玩具有限公司的可儿娃娃为例，可儿娃娃是有着浓厚中国文化特色的原创设计品牌，素有"中国娃娃"之称。可儿娃娃以"中国风"的特色定位丰富了其文化内涵，且不断变化主题的传统服饰使其在外观形象上持续推陈出新。

图1-15　可儿娃娃
（图片来源：可儿官网）

图1-16　贝兹娃娃
（图片来源：必应官网）

图1-17　布莱丝（Blythe）娃娃
（图片来源：必应官网）

四、大众媒介的衍生品——明星玩偶服饰

20世纪中期，电影产业的发展为时装玩偶创造了回归的契机。在这一时期，观看电影成为大众十分喜爱的一种消遣方式，而大大小小的电影院便成了大众在闲暇之时娱乐的主要场所，人们开始认识到电影对于传播时装的重要性。在这种大环境的驱使下，原本在儿童市场中受挫的众多时装玩偶生产商牢牢抓住这个宝贵契机，将目标群体从儿童转向了热爱电影的成年人，并通过模仿电影明星的样貌制作新的时装玩偶来吸引这些影视爱好者们的注意。图1-18和图1-19所示为20世纪的电影小童星与电影明星，以及模仿电影小童星与电影明星制作的同款玩偶。

图1-18　20世纪的电影小童星与同款玩偶　　　　图1-19　20世纪的电影明星与同款玩偶

进入 21 世纪，时尚杂志、时装表演、模特走秀已经成为设计师展示服饰的主要方式，每年各种时装秀和时尚大片层出不穷，还有越来越多的时尚杂志让人看得眼花缭乱，这也给了设计师丰富的灵感。从 2008 年开始，华裔时装玩偶设计师安德鲁·杨设计的时装玩偶系列——克科里塔斯布偶（The Kouklitas）在时尚界知名度非常高。安德鲁·杨的童年是在中国台北度过的，因为从小就受到喜欢玩人偶的母亲的影响，所以长大后的安德鲁·杨开始学习制作属于自己的玩偶。克科里塔斯便是安德鲁·杨到纽约后创立的时装玩偶品牌。"克科里塔斯"这个名字源于希腊语中的"人偶"一词。每个克科里塔斯玩偶的制作都要经过画样、裁布、缝制、充棉，以及最后的脸部上妆等多个步骤。如图 1-20 所示，玩偶身上穿着的衣服是使用高级服装面料制作的，而服装款式的灵感则主要来自每年时装周 T 台上的绚丽华服。由于安德鲁·杨设计的时装玩偶在风格上偏向个性、诡异，因此得到了很多国外大牌杂志及著名百货市场的青睐。

图 1-20　21 世纪的 T 台模特与同款时装玩偶

由此可见，对于不断追求新奇、创新的时尚界，当人们对司空见惯的展示方式感到审美疲劳之后，便希望能够看到一些新鲜的玩意。因此，设计师便又将视线投入时装玩偶的身上。同时，近些年有越来越多的设计师将时装玩偶元素融入服装走秀、品牌平面广告大片的拍摄中。除了在时装走秀场上出现，时装玩偶也逐渐开始被摄影师们作为道具运用到时尚大片的拍摄中。

第四节　玩偶服饰中的游戏功能

儿童是在游戏中成长的，玩偶服饰设计中预设游戏功能，可以实现"寓教于乐"的目的。"寓"是"教"的前提，也就是说，先有一种主动、巧妙的目标预设，才能达到"教"的目的。如何让玩偶服饰实现"寓教于乐"的功能呢？这就需要充分挖掘玩偶服饰的发展价值，在玩偶服饰设计中，预设各种游戏活动，使儿童通过玩偶服饰发现各种玩法，在愉快的玩乐过程中潜移默化地得到各种体验与成长。与以往单一的"玩"不同，这是一种丰富的玩、沉浸式的玩。因此，设计师要转变观念，首先要重视玩偶服饰"教"的价值，其次要将"教"巧妙地"寓"于玩偶服饰设计中，引领儿童"在玩中学，在学中玩"。

根据资料显示，玩偶让儿童着迷之处在于，玩偶有着数不清的漂亮衣服。如芭比娃娃、布莱丝（Blythe）娃娃等玩偶就是典型的代表，且目前市场上与其类似的换装玩偶，均采取这种营销模式。透过这种消费现象可以发现，玩偶服饰外观的新颖性是非常受生产商和儿童关注的，而其作为"玩"的游戏性非常单一，且被广泛忽视。设计师以"玩偶服饰外观的新颖性"为导向进行新品设计，以满足儿童对玩偶进行装扮的单一需求。装扮，虽然是一种游戏，儿童从中可以得到一些体验与成长，但从物尽其用的角度看，这种玩法过于单一，不能满足促进儿童全面发展的需求。"兴趣是最好的老师"，然而对于儿童来说，在他们特别感兴趣的换装玩偶中却缺失许多具有儿童发展价值的游戏活动，对于作为游戏材料的服饰来说，没有做到"物尽其玩"，错失了很多发展与教育的机会。

一、玩偶服饰中预设多种游戏活动的可行性分析

根据《3—6岁儿童学习与发展指南》（后文简称《指南》）中关于儿童的发展特点可知，儿童的全面发展离不开健康、语言、艺术、社会及科学5种游戏活动。那么在玩偶服饰设计中能否预设这5种游戏活动呢？下面从4个方面对此进行可行性分析。

（一）玩偶的可动性是玩偶服饰中预设多种游戏活动的物质基础

玩偶的可动性对玩偶服饰的游戏活动有很大的影响。试想一下，如果玩偶肢体僵硬，玩偶服饰不能穿脱自如，那么玩偶将只是一个漂亮的饰品，对于儿童来说，参与度不高，可玩性较低。从玩偶的可动性特点来看，当下的着装玩偶大致可以分为两种，即无关节的可动玩偶、有关节的可动玩偶。

1．无关节的可动玩偶

有两种玩偶虽然没有关节，但是身体和四肢可以活动，不影响服饰穿脱。一种是铝丝骨架人偶，如图1-21所示。在制作这种玩偶时，应先用铝丝制作一个人体骨架，再在铝丝外面用皮肤布制作一层皮肤，最后进行填充形成身体，安装塑料材质的玩偶头部。这种玩偶可以保证身体大的体块变化，如隆起的胸部与臀部、细瘦的腰肢和手臂等，但不能制作出如可儿娃娃、芭比娃娃等那种凸凹有致的身体细节变化，且对腰部扭转有一定的限制，但丝毫不影响服饰的穿脱，具有一定的操作性和可玩性。

另一种是棉花娃娃，如图1-22所示。"饭圈娃娃"就是棉花娃娃中的一种，是根据某个明星形象设计的同款棉花娃娃。棉花娃娃里面填充PP棉，手感比较柔软，一般分大、中、小3个版本，分别是15厘米、20厘米、40厘米左右的高度。虽然棉花娃娃没有内置关节或铝丝，造型不能改变，但是因为棉花娃娃材质柔软，所以棉花娃娃也可以随意换装，具有一定的可玩性。

图 1-21　铝丝骨架人偶

图 1-22　棉花娃娃

设计者：浙江师范大学儿童发展与教育学院动画专业

（动漫衍生设计方向）2016 级胡淑妮

（图片来源：行星研究所）

2．有关节的可动玩偶

有关节的可动玩偶可以充分展示服饰的特色和美感，使玩偶具有丰富的可变性，大大增加玩偶和玩家之间的互动性。目前，玩偶市场逐步细化，有关节的可动玩偶的体型有多种，根据年龄指向，大致可以分为 4 种，即婴幼儿体型、儿童体型、少年体型、成年体型。

婴幼儿体型玩偶主要指模仿 0～1 岁婴幼儿的身体比例与特征的玩偶。图 1-23 所示为婴儿体型玩偶，玩偶整个身体胖乎乎的，头比较大，颈部较短，甚至可以直接忽略，四肢短粗、圆滑，一般有 5 个活动关节。

儿童体型玩偶主要指模仿 2～9 岁左右儿童身体比例与特征的玩偶。如图 1-24 和图 1-25 所示，根据年龄特点，儿童体型玩偶又细分为幼童体型玩偶与大童体型玩偶。与婴幼儿体型玩偶相比，儿童体型玩偶的体形偏瘦，四肢纤细，主要突出头部的外貌和表情。这类玩偶的头身比是 2.5～3 个头高，一般也有 5 个活动关节。

图 1-23　婴儿体型玩偶
（图片来源：百度官网）

图 1-24　幼童体型玩偶
（图片来源：必应官网）

图 1-25　六分 BJD 玩偶
（图片来源：行星研究所）

少年体型玩偶一般指模仿 10～16 岁青少年体型的玩偶。四分 BJD 玩偶属于少年体型玩偶，如图 1-26 和图 1-27 所示。这类女性玩偶的胸围与腰围比例略大于 1，好似青春初期刚刚发育时的形态；男性玩偶的胸围与腰围比例近似 1，他们四肢修长，面容娇小紧致。

图 1-26　少女型四分 BJD 玩偶
（图片来源：行星研究所）

图 1-27　少男型四分 BJD 玩偶
（图片来源：淘宝官网）

成年体型玩偶一般指 18 岁及以上的成熟体型的玩偶，三分 BJD 玩偶属于这一类型玩偶，如图 1-28 和图 1-29 所示。这类玩偶体型和气质显得更为成熟。这类女性玩偶的胸围与腰围比例近似 1.5，男性玩偶的胸围与腰围比例近似 1.2，四肢修长，身材比例近似黄金比例，符合人们理想中的身材。为了增加玩偶的互动性与可变性，目前市场上的玩偶一般都有关节，关节最少的有 5 个，最多的有 28 个，有一种超可动的玩偶，关节多达 87 个。

图 1-28　三分 BJD 女性玩偶
（图片来源：淘宝官网）

图 1-29　三分 BJD 男性玩偶
（图片来源：淘宝官网）

随着科技的发展，换装玩偶的关节也变得非常丰富。图 1-30 所示为不同关节的芭比娃娃。

纪念版　　　　盲盒普通版　　　　周年珍藏版　　　　节日珍藏版

盲盒迷你版　　迷你弯臂版　　芭蕾舞版　　水疗版　　排球教练版

图 1-30　不同关节的芭比娃娃（图片来源：必应官网）

常见的不同关节结构的玩偶有以下几种。

1）简单关节玩偶

最简单的可动玩偶一般有 5 个关节，且关节结构非常简单，四肢只能前后摆动。玩偶上半身为硬质材料，肩关节可动；下半身为软性材料。如图 1-31（a）所示，虽然膝盖表面无结构痕迹，但是内部装有另一种结构体，因此膝盖关节可动。

2）方形关节玩偶

方形关节是目前玩偶中十分常见的关节结构之一。由于方形关节玩偶的膝盖装入长形关节结构，使得玩偶腿部弯曲比较自由，因此方形关节玩偶完全可以坐在地上。如图 1-31（b1）、（b2）、（b3）所示，这种关节结构的玩偶除头部以外，分别有 9 个和

13 个关节可动，但是可动的幅度比较有限。目前，此类具有代表性的玩偶是国产品牌的可儿娃娃。根据价格定位，可儿娃娃的身体关节结构分为 3 种。一种是没有关节的普通体，胳膊、膝盖、手腕及脚腕都不能动，此类娃娃的售价也是可儿娃娃系列产品中最低的；一种是 9 关节体，是可儿娃娃的主打产品，如图 1-31（b1）所示；一种是 13 关节体，也是可儿娃娃的第三代产品，如图 1-31（b2）所示。其除胳膊、膝盖能动外，手腕、脚腕也都能动，此关节体玩偶品质是可儿娃娃中最为精美的一种。

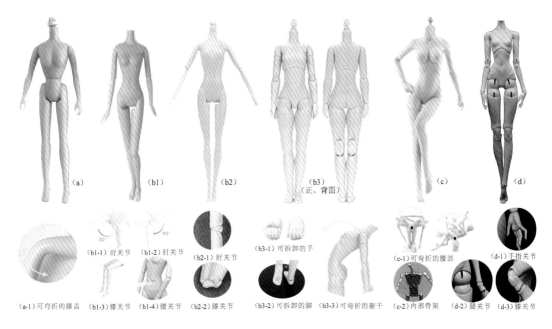

图 1-31　常见的 4 种玩偶结构与关节

　　芭比娃娃是这种关节玩偶的典型代表，但不是所有芭比娃娃都是这种关节。芭比娃娃家族玩偶的关节结构与方形关节结构的使用变化多样，大致可以分为 4 种。第一种是 5 关节体玩偶。早期的芭比娃娃就是 5 关节体。现在市场上的普通款芭比娃娃和迷你款芭比娃娃一般都是 5 关节体，这些玩偶与早期玩偶结构不同的是，早期的芭比娃娃手臂都是自然平直的，而现在的部分芭比娃娃左臂或右臂被设计成掐腰的造型，部分迷你款芭比娃娃的其中一只手臂也被设计成弯曲的。第二种是 7 关节体玩偶，这种玩偶膝关节的设计凸显了其作为芭蕾演员的角色特点。第三种是 11 关节体玩偶。芭比娃娃的珍藏版、限量版等多使用这种关节体结构，可以凸显玩偶的高级感。图 1-30 中的水疗版芭比娃娃与排球教练版芭比娃娃主要在肘部、膝盖部位使用方形关节。其中，因为排球教练版芭比娃娃在头、胸、手臂、手腕、膝盖及脚踝等部位用到了 16 个关节，所以玩偶身体才摆出了运动员运动时那种协调健美的姿态。

　　方形关节的塑胶玩偶中有一种软、硬材质结合的可动玩偶，是玩偶中品质较高的一种。如图 1-31（b3）所示，玩偶躯干部位使用的是软质材料，腰部表面无结构痕迹，但因为内部装有结构体，所以腰部可以活动，四肢使用的是硬质材料，脚部装有磁铁片，使得玩偶可以在金属材质的平板上站立。此玩偶可动性很强，可以摆出各种造型。

3）全包胶的超可动玩偶

全包胶的超可动玩偶表面为软体包胶，无关节结构，且材质细腻，柔软有弹性，类似真人触感。如图1-31（c）所示，由于它的内部使用的是钢骨材质，几乎可以模拟人的所有动作，因此它的可动性极强。

4）球形关节玩偶

球形关节玩偶外表坚硬，关节部位由一个一个的球形结构体相连，内部使用皮筋固定关节结构，可以模拟人的所有动作。这种玩偶使用的材质一般包括树脂、陶瓷、木头3种。其中，以树脂材质制作的BJD娃娃最为流行。图1-31（d）所示使用的是树脂材质。

BJD娃娃是一种球形关节玩偶，BJD是Ball Joint Doll的英文缩写。该玩偶身材是参考人类的标准身材设计的，脸部妆容精致，细节精美。这种玩偶起源于德国，由于它的关键部位是球形关节制作成的，可以进行弯曲，并做出许多类似真人的高难度动作，因此这种玩偶受到广大玩家的喜爱和珍视。BJD娃娃并非是单纯的道具化玩具，它通过自身的独特设计理念和装饰手段，承载着玩家宝贵的情感寄托和精神信仰。目前，为了让BJD娃娃有更加自由的造型变化，设计师在原来单关节的基础上，发展出了双关节。从技术运用上来讲，BJD娃娃采用了球形关节的结构理论，丰富了玩偶的造型能力；从外形上来讲，BJD娃娃借鉴了芭比娃娃的理念，可以自由更换造型。根据出产地的不同可知，目前常见的BJD娃娃主要有日系娃娃、韩系娃娃，以及国内生产的国社娃娃3种。

SD娃娃是日系娃娃的典型代表。SD（Super Dollfie）娃娃是由Volks公司开发的。Volks公司开发的SD娃娃不仅是BJD娃娃的开创作品，更是今后所有BJD娃娃的标准和典范。SD娃娃在很多技术上有着绝对的权威性，目前所有韩国和日本产出的BJD娃娃的尺寸和基本体型都借鉴和参考SD娃娃。

（二）玩偶的情感功能是玩偶服饰中预设多种游戏活动的契机

对于儿童来说，玩偶是一个亲密的且有生命和灵魂的小伙伴。根据皮亚杰的儿童"泛灵论"观点，在儿童的世界里，万物都是有生命的。因此，儿童对喜欢的玩偶非常依恋。许多儿童在平时生活中，时时刻刻都带着自己心爱的玩偶。儿童对于玩偶的情感，还体现为一种情感投射。丰富的想象力使儿童把玩偶想象成另一个自己，儿童期待通过玩偶实现自己未来想成为的样子。这一点，在关于芭比娃娃的大量研究中得到充分验证。《芭比时尚》杂志的编辑葛伦·曼多维勒认为，许多女孩购买芭比娃娃是因为她们无法变成芭比体，她们经由打扮完美的芭比娃娃，实现渴望自身变得苗条、美丽并且受欢迎等一切梦想。玩偶服饰是赋予玩偶生命和灵魂非常重要的因素，也是儿童情感投射的媒介。基于儿童对玩偶的情感与依恋，儿童非常享受与玩偶的互动，沉迷于玩偶服饰的各种体验中。从教育学的角度来看，这无疑是儿童最好的学习机会。设计师完全可以利用儿童对玩偶的依恋、信赖和情感投射，在玩偶服饰设计中预设多种可以促进儿童全面发展的游戏活动，以实现寓教于乐的目的。

（三）玩偶服饰外形的象征性是激发儿童游戏动机的重要因素

对每个人来，服饰都是表现自己身份、个性和气质的一种符号，玩偶服饰也不例外。这里的象征性指玩偶服饰通过特定造型和色彩的使用，显示出与玩偶相关的民族、时代、人物、性格、地位等信息，含有极其丰富的符号语义。

同时，玩偶服饰还是一种图形符号，符合儿童的认知特点，容易激发儿童的游戏动机。根据皮业杰的研究观点，2岁的儿童已经具备进行形象思维的能力，且随着年龄的增长和环境的影响，这种形象思维的能力会越来越强。儿童在具备形象思维能力以后，借助记忆力和想象力的发展，就具有了"延迟模仿"的能力。也就是说，儿童可以借助头脑中的表象，在事后进行模仿。根据儿童的这一认知发展特点可知，3～14岁儿童可以通过服饰的外形来识别玩偶的民族、时代、人物角色等信息，这些信息能够使儿童联想他们曾经经历或想象的生活情景，他们的"延迟模仿"活动会不自觉地产生。而"模仿"对于儿童来说，是他们非常喜欢的社会类的游戏活动。

（四）玩偶服饰构成的多元化具备了预设多种游戏活动的可能性

因为每种游戏活动的特点不同，所以必须有合适的载体才能进行预设。以健康活动为例，如果需要锻炼儿童腿部肌肉的强度和柔韧性，足球、轮滑等玩具比较合适；如果需要锻炼儿童上肢肌肉的灵活性和协调性，制作陶泥、编织等游戏活动就能达到目的。要想让玩偶服饰"物尽其玩"，达到促进儿童全面发展的目的，也就意味着玩偶服饰中具备能够开展健康、语言、艺术、社会及科学5种游戏活动的不同载体。

通过设计实践发现，由于玩偶服饰设计的构成要素比较多元，因此预设5种游戏活动是完全可以实现的。一般玩偶服饰设计包括服装廓型、结构、部件、色彩、材质、饰品等，每个构成要素都有各自的特点，适合预设特定的游戏活动。例如，在玩偶服装的廓型设计中，具象的廓型可以刺激儿童开展角色、表演等社会类的游戏活动，且服装的内外的布局、形状的大小、比例的长短等，直接涉及儿童对空间、形状、数概念等的认知，这些都是科学体验的范畴；在玩偶服装的结构设计中，利用可拆分的半成型结构，可以让儿童通过解、扣、编、穿等多种动作，DIY服饰造型，这些丰富的动作可以锻炼儿童手部肌肉的灵活性和协调性，是健康活动的范畴；给玩偶服饰设计不同情景下的道具，让儿童体验角色变化，从而使儿童的语言和社会性发展水平都得到提升；提供丰富的饰品，如不同风格的帽子、围巾、鞋子、袜子等，让儿童自由搭配，在形状和色彩的搭配中接受美的熏陶。对于儿童来说，这些无疑都是很有趣的是艺术活动。

二、玩偶服饰中游戏活动的预设原则

（一）适年性

由于不同年龄段儿童的身心发展状况各不相同，相应的游戏特点也有所不同，因此儿童对玩偶及其服饰的需求也存在差异。玩偶服饰设计要根据儿童成长的关键期进行设计。所谓关键期，指儿童在成长过程中，受内在生命力的驱使，在某个时间段内，专心吸收环境中某个事物的特质，并不断重复实践的过程。儿童在各个阶段的关键期会表现出不同的行为特点，对其采取的教育方式与方法应有所不同，这些阶段被称为儿童成长的关键期。在儿童成长的关键期，对儿童给予合适的关注和实施正确的教育，可以达到事半功倍的效果。而一旦错过了这个年龄段，再对儿童进行这种教育，效果会明显差很多，不只是事倍功半，甚至可能是终身难以弥补的。因此，儿童成长的关键期教育与引导对儿童一生的影响极为重要。不同儿童成长的关键期虽然有个体差异，但是大致相同。作为设计师要关注、发现并理解在儿童成长的过程中是有关键期的，且针对不同的关键期采取的设计方法应有所不同。

皮亚杰将儿童的认知发展分为感知运动、前运算、具体运算、形式运算4个发展阶段，每个认知发展阶段的特点，对应着不同的游戏活动。下面分别结合这4个发展阶段探讨不同时期的儿童对玩偶及其服饰的需求。

0～2岁是儿童的感知运动发展阶段，主要以练习性游戏为主。处于这一阶段的儿童，尚在语言交流的初级阶段，认知活动主要依靠身体直觉，以及有意识和无意识的动作。这一阶段是儿童肢体大动作发展的关键期。因此，这一阶段的主要游戏形式都属于练习性游戏。玩偶主要发挥陪伴功能，儿童只会对其进行抱、举等简单互动。针对此阶段的儿童，玩偶服饰造型、色彩及结构以简洁为主。另外，考虑到安全性问题，玩偶服饰不需要纽扣、珠饰等配件，否则容易引起儿童误食等危险。

2～7岁是儿童的前运算发展阶段，主要以象征性游戏（角色游戏）和结构性游戏（建构游戏）为主，直至学前末期开始减少并逐步进入结束期。这一阶段是儿童语言发展的关键期，儿童的形象记忆趋向成熟，逻辑思维逐步形成，具有"延迟模仿"的能力。此外，这一阶段的儿童手部肌肉也具有一定的灵活性和协调性，具备一定的动手能力，喜欢角色扮演，会模仿生活中的角色给玩偶进行换装游戏。因此，玩偶除了陪伴功能，还可以发挥玩偶服饰的训练作用。在角色游戏中，儿童通过穿、脱、搭配衣服，可以习得各种生活自理能力。针对这一阶段的着装玩偶，服饰设计可以有丰富的主题，造型可以有丰富的变化，结构也可以复杂一些，并增加一些拉链、绳结及口袋等，可以让儿童享受自由搭配的乐趣，且丰富的局部可以让儿童手部进行不同形式的运动，可以培养儿童手部肌肉的协调性和灵活性。

7～12岁是儿童的具体运算发展阶段，主要以规则性和运动类游戏为主。规则性游戏是游戏发展的最高阶段，必须要参与者共同遵守游戏规则游戏才能正常进行。处于这一阶段的儿童，由于逻辑思维、语言沟通能力都很强，已经摆脱了以自我为中心的自我意识，能从他人的立场想问题，也能清晰地表达自己的观点，因此可以在游戏中和同伴一起商定大家应该共同遵守的游戏规则并按照游戏规则开展合作游戏。具有主题性特点的玩偶服饰可以从促进儿童的认知、文化性等方面的发展。由于具有主题性特点的玩偶服饰与人们的生活环境和生活习惯密不可分，因此具有主题性特点的玩偶服饰承载着特定的文化知识。以民族服饰中的头饰为例，每个民族服饰中的头饰不仅有自己的独特造型，而且这些头饰还充分体现了本民族的传统文化与民俗风情。苗族人喜爱头帕，这是因为苗族人非常重视人的头部，认为头部是神圣不可侵犯的。在一般情况下，遇见可爱的儿童，很多人会情不自禁地抚摸儿童的头部，但是这个看似平常、友好的举动，对于苗族儿童来说是绝对不可以的，对于苗族成人更不例外。图1-32所示为苗族包头帕。苗族包头帕特别讲究，难怪谚语有"姑娘样子好，花花头帕少不了""选郎没有巧，头帕要包好"之说。图1-33所示为蒙古族包头饰。蒙古族人喜欢用各种彩色的石头装饰头部，主要源于蒙古族人的岩石崇拜。对于儿童来说，这类玩偶服饰是很好的文化传播媒介。针对这个年龄段的儿童，可以结合不同的文化符码设计不同主题的玩偶服饰，以满足儿童的认知等方面的发展需求。

图 1-32　苗族包头帕（图片来源：百度官网）　　图 1-33　蒙古族包头饰（图片来源：百度官网）

12 岁以上的儿童的身心均进入快速发展阶段。这一阶段的儿童，认知水平较高，且同伴之间交往较多，兴趣和爱好广泛，逐渐有了个性意识，在游戏与玩具方面有自己的见解和主张。这一阶段的儿童，不仅喜欢收集更多种类的玩偶，而且喜欢和小伙伴们一起玩，交流服饰装扮的乐趣，并且会即兴开发出各种新的玩法，追求创新和独特性。针对这一阶段的儿童发展特点，玩偶服饰可以结合当下流行的大众文化，以及时事热点，进行个性化的服饰系列设计，以满足儿童个性化的发展需求。

（二）生活化

生活化主要指玩偶服饰可以开展的游戏活动内容是儿童比较熟悉的生活场景，或儿童在生活中关注过的场景。只有有生活记忆的玩具与场景，才可以激发儿童开展角色扮演、穿搭装扮等游戏活动，否则儿童玩不起来。因此，生活化的玩偶服饰设计，是儿童开展游戏活动的前提，是符合儿童身心发展特点的。

利用生活化的玩偶服饰开展游戏，使儿童游戏生活化，是对当下教育异化现象的一种积极应对。当下，在教育中有一种不好的趋势，即教育变成了训练人的工具。为了训练的目的，一个人的理智已经被分割得支离破碎，而人的其他方面不是被遗忘，就是被忽视，学前教育也是如此，特别是学前儿童的情感容易被忽视，家长和教师更多关注学前儿童认知方面的发展。造成这种教育异化现象的原因有很多，而近代的工业文明与科技发展是其中的主要因素。工业文明和科技的发展，不仅加快了科技进程，而且深刻地影响着人们的世界观与价值观，导致教育领域中急功近利的思想和行为比较普遍。对于儿童教育，如何走出工业时代的阴影并构建一种适应知识经济时代的新教育是当前世界教育面临的重大难题。儿童教育，是人生的启蒙教育。只有审视和理解其产生的缘由并做出合理的分析，才能找到问题的症结，提出有针对性的方法。因此，现在越来越多的学者呼吁将儿童教育回归生活课程，关注儿童和谐、完整人格的养成，纠正过去较多偏重儿童逻辑认知层面的开发、偏重知识学习、忽视儿童情感体验的教育模式。生活，是

人类的根基和核心，是精神故乡，是生命富有创造力的源泉，而回归生活，是营造人类的精神家园和安乐所。学习不是接受，而是基于对自然、社会、自我的感受、体验与探索。应该珍视人类生命早期敏锐的感受能力和强烈的感受欲望，把知识的学习变成人类生命的需要。

玩偶服饰设计提倡游戏内容生活化是儿童教育回归生活课程的一种具体体现。例如，可以利用生态学视角，分析与儿童息息相关的微观、中观与宏观环境，选择儿童熟悉的生活场景作为玩偶服饰设计主题。在微观环境中，爸爸、妈妈等家庭成员的职业装、生活装及宴会装等，都可以作为玩偶服饰的设计主题。在中观环境中，儿童所在的社区、幼儿园及城市等不同生活场景、不同职业人群的服饰，也为玩偶服饰设计提供了丰富的主题。另外，本民族的传统文化与大众文化语境也属于儿童生活的宏观环境，其中有取之不尽的玩偶服饰设计灵感。虽然传统文化与大众文化不像家庭、学校和社区那样距离儿童生活很近，但是一般儿童会通过亲子旅游活动，以及一些电视、网络等传播媒介，对两种文化中的某些符号有一定的认知。通过利用具有一定文化特色的玩偶服饰开展游戏活动，可以增加儿童对传统文化与本民族文化的认知，进一步培养儿童的文化认同感与归属感。

（三）多样化

多样化主要指在设计玩偶服饰时，充分利用玩偶服饰中的多种设计要素，尽可能地预设多样化的游戏活动内容，以满足儿童全面发展的需求。儿童的全面发展可从横向与纵向两个维度来进行分析。

横向维度的全面发展主要是指儿童发展是多方面的整体协调发展，主要包括身体、认知、情感与社会、文化4个方面的协调发展，而实现儿童的全面发展离不开各种游戏活动的支持。根据《指南》可知，幼儿园的游戏活动是儿童的基本活动，幼儿园的游戏活动分为健康、语言、艺术、社会、科学5种，幼儿园应落实到具体的教学活动中，不偏不废。可见，只有均衡开展5种游戏活动才可以促进儿童全面发展，这是经过学界论证并得到广泛认同的观点与事实。因此，如果在玩偶服饰设计中通过各个设计要素预设5种游戏活动，那么就能够实现儿童各领域的全面发展。

纵向维度的全面发展主要指儿童发展的关键期特点。儿童发展虽然是整体性的全面发展，但是某些方面的发展在特定阶段发展很快，对于这些方面来说，这一阶段是儿童发展的关键期，若错过这个阶段，虽然后期可以弥补一些，但效果要差很多。由于儿童在成长过程中的各个领域的发展，在不同年龄阶段具有不同的特点，因此玩偶服饰设计既要注意儿童不同领域的整体性协调发展，又要根据目标儿童发展的关键期进行设计（参见上文中的"适年性"原则）。

三、玩偶服饰中游戏功能的预设

（一）玩偶服饰中的健康活动预设

根据《指南》可知，儿童的健康包括身心状态、动作发展及生活习惯与生活能力3个方面的内容。因此，有助于儿童这3个方面正常发展的游戏活动都是健康活动。

在儿童身心状态的调适方面，玩偶可以发挥它独特的作用。首先，在儿童生活场所中配置一些玩偶，可以营造温暖、轻松的心理环境，让儿童形成安全感和信赖感，达到儿童情绪安定、愉快的目标。儿童的安全感和信赖感，主要来自服饰赋予的玩偶角色特点，通过适宜的玩偶服饰角色定位，儿童会视玩偶为其亲密无间的伙伴。此外，儿童在与玩偶互动的过程中，喜欢和玩偶说话，表达自己的情绪，这种行为可以帮助儿童恰当地表达和调控情绪。因为服饰是儿童与玩偶互动非常重要的媒介，且玩偶服饰是可以随意穿脱的，所以儿童会根据自己的意愿给玩偶换装，又因为儿童相信"万物有灵"，所以他们在给玩偶换装时，不是沉默无语的，而是像对待小伙伴一样一边给玩偶换装一边表达自己的想法，征求"小伙伴"的意见。

儿童在玩偶换装游戏中，会不自觉地实施各种动作，从而达到促进上肢及手部肌肉的运动，有效地提升肢体的灵活性、协调性的目的。首先，玩偶服饰包括上、下装与内、外装，以及丝巾、鞋子、帽子、包袋等各种配饰，可以生成各种搭配方式；其次，玩偶服饰本身有口袋、拉链、纽扣、腰带等各种结构，儿童可以进行各种动作的练习。根据玩偶服饰的特点，儿童在给玩偶换装的过程中一般要实施穿、脱、拉、按、提、系、扣、解、翻、折、叠、卷等多个动作，其中既包括大臂的运动如脱、拉等，又包括小臂的运动如按、提等，还包括手部小肌肉的精细动作如扣、解、翻、折等。这些动作可以让儿童的上肢及手部得到锻炼，对儿童的动作发展可以起到很好的促进作用。

给玩偶换装，可以培养儿童良好的生活习惯与生活能力。生活习惯与生活能力也是儿童健康教育的内容之一。如今，市场上的玩偶服饰种类非常丰富，基本上给玩偶创造了一个迷你版的服饰小世界。由于玩偶服饰是成人服饰的缩小版，因此儿童可以利用玩偶与玩偶服饰，模仿成人穿搭衣服。因为儿童天生就具有"延迟模仿"的能力，所以玩偶及其服饰给儿童玩换装游戏提供了便利。玩偶服饰不仅可以训练儿童学习日常服饰搭配，而且可以让儿童练习其他生活能力，如穿孔、系绳结、拉拉链、扣纽扣等日常生活自理能力。

（二）玩偶服饰中的语言活动预设

儿童的语言活动是促进儿童语言发展的一种游戏活动。其中，关于语言的表达是儿童语言发展中非常重要的发展目标之一。儿童通过玩耍，能够增进识别物体的能力，提高语言表达能力和思维想象创造力。通过观察儿童的装扮游戏情景可以发现，儿童在游戏过程中非常喜欢表达语言。儿童喜欢一边动手，一边跟玩具交流。虽然玩偶不会讲话，但他们根本不在乎，他们依然把玩偶当作有生命的小伙伴，同玩偶交流。当儿童和同伴在一起游戏时，语言的交流更多，因为每个儿童的穿搭方式与穿搭效果各不相同，这使得同伴之间语言交流的内容更加丰富。幼儿期是儿童语言发展，特别是口语发展的重要时期。使用玩偶服饰可以有效地促进儿童的口语表达能力。

另外，由于儿童语言的发展贯穿于各个领域，对儿童其他领域的学习与发展有着重要的影响。儿童在运用语言进行交流的同时，也在发展人际交往能力、理解他人和判断交往情境的能力、组织自己思想的能力。儿童通过玩偶服饰的穿搭游戏，不仅可以提升口语表达能力，而且理解、判断及思维等能力都能够得到很好的提升。

（三）玩偶服饰中的社会活动预设

为了促进儿童的社会性发展，社会活动是儿童成长过程中必不可少的一种游戏活动。那么，什么是儿童的社会性发展呢？从发展心理学和儿童教育学的角度来说，儿童的社会性发展指儿童在自身生物特性的基础上，与社会生活环境相互作用，掌握社会规范、社会技能，扮演社会角色，获得社会需要，发展社会行为，由自然人成长为社会人。

利用玩偶服饰进行角色扮演是儿童非常喜欢的游戏活动之一，而对于儿童来说，角色扮演就是一种非常适合促进儿童社会性发展的游戏活动。这里所说的角色，指在社会中有相应职位、承担一定责任且遵守特定社会规范的个体。角色扮演游戏，是儿童在创设的特定社会情景中，扮演一定的社会角色，表现出与这一角色一致的且符合这一角色规范的社会行为。在此过程中，儿童感知角色之间的关系，感知和理解他人的感受，积累行为经验，从而掌握自己承担的角色所应遵循的社会行为规范和道德要求。

根据儿童发展研究结果显示，儿童从 3 岁左右开始，比较喜欢玩的"过家家"游戏就是典型的角色扮演游戏。因为玩偶服饰赋予玩偶一定的角色定位，所以儿童就会和这些不同身份的玩偶开展相应的角色游戏活动。如果玩偶身着童装，那么儿童一定会毫不犹豫地承担起一个"妈妈"的责任，儿童就会像妈妈平时照顾自己一样照料自己的"孩子"。有时候，儿童会把自己假想成医生或护士，像模像样地给"孩子"看病、量体温、喂药等。而当玩偶是一个身穿洋装的少女形象时，儿童会把玩偶当作自己的小伙伴，一起看书、讲故事等。在这些角色游戏中，儿童体会了作为"妈妈""医生""护士"等角色的责任和辛苦，体验了和朋友之间的友好互动，分享了游戏所带来的快乐，这些都有助于培养儿童的"去中心化"特征，使儿童变得懂得理解、尊重他人的感受，这也正是儿童社会化发展过程中非常重要的因素。

（四）玩偶服饰中的科学活动预设

科学活动是对儿童进行科学教育的一种游戏活动。科学活动的实质是科学素质的早期教育，目标是多元的。它主要表现在以科学素养为中心，重视科学精神和态度，强调科学与日常生活的结合，主张运用各种可行的途径和方法让儿童获得发展。因为儿童好奇心强，对周边的事物感兴趣，所以儿童的科学是"就在身边的科学"。儿童开始学习科学是由于对周围世界的好奇心而产生的对周围事物进行探究的愿望，并通过自己的感官进行探索。玩偶服饰看起来和儿童的科学探索没什么联系，但在外观、功能和材质等方面的丰富变化，也能支持儿童在视觉、触觉等感官方面进行各种探索，从而使儿童在科学素养方面获得一些体验与发展。

服装材质的不同会引起儿童的探究兴趣。服装材质的种类很多，蕴含了丰富的视觉、触觉体验，其中包括透明与不透明、光滑与粗糙、单色与多色、亚光与荧光、厚与薄、软与硬等。

除此之外，儿童还可以在利用玩偶服饰开展的游戏活动中，感知时间的变化。例如，儿童在游戏中，会对时间概念增加一些具体的认识，如儿童会模仿妈妈，根据一天中的不同时间段、不同季节，给儿童增减衣物，穿不同款式的衣物。幼儿园小班的儿童可以在一天的游戏中认识早上、晚上、白天、黑夜等，并能够运用这些词汇，如儿童会边玩边对玩偶说："天黑了，我们要睡觉了，我给你换上睡衣吧！"；幼儿园中班的儿童可以在连续几天的游戏中，认识昨天、今天、明天、星期天等，如她们会对玩偶说："今天星期六，不用上学了，我可以把你打扮得更漂亮一些！"；幼儿园大班的儿童可以根据主体性的角色扮演游戏增加对时间与季节变化的认知。

另外，不同的服装有不同的廓型，廓型即外形。在游戏中，儿童可以感知、识别形状的变化，如梯形的短裙、方形的背心、三角形的披巾等。在给玩偶换装的过程中，儿童通过服饰数量的增减，可以感知数量的变化，用穿衣服和脱衣服理解"+"和"−"的含义。

由此可见，通过对玩偶服饰的观察、触摸、探索等，儿童可以感知物体的属性，发现它们与周围环境的相互关系，讨论自己的发现和操作的结果，进行信息交流，获取直接经验。因为"幼儿的科学是经验层次的科学知识，是直接的、具体的，是描述性的，不是解释性的"，儿童在此过程中，可以发现问题、提出问题，进行操作、探究，寻找答案，所以玩偶服饰不仅拥有美丽的外观，而且蕴含着丰富的科学活动内容。

（五）玩偶服饰中的艺术活动预设

玩偶服饰中的艺术活动主要指儿童利用玩偶服饰开展的美术活动。美术是艺术的一个分支，儿童美术指儿童从事的造型艺术活动，反映的是儿童对周围世界的认识、情感和思想。对美的感受既是儿童美术的前提，又是儿童美术的组成部分。各种美术活动都是围绕着"欣赏与感知""情感与体验""探索与表现"3个发展目标进行的。玩偶服饰中的美术活动，是一种以玩偶服饰为内容的游戏活动，主要可以通过玩偶服饰的色彩、造型、图案及材质的美让儿童实现美术活动的3个发展目标。

第一，服饰的色彩美。色彩，是一种无声的语言，常常作为玩偶服饰风格的直接反映。色彩比服装款式的线条、结构表现得更为明晰，也更为生动，并且在人类社会中一直充当着重要角色。因此，玩偶服饰的色彩美是服饰设计中要考量的重点因素之一。玩偶服饰的色彩美包括和谐优美的整体色调，以及具体的不同形状的色相，且相同的色彩在不同面料上又会形成不一样的视觉效果和情感体验。例如，紫色。厚重的紫色面料，显得比较严肃、冷峻；轻薄的紫色面料，却给人温柔、优雅的感觉。总之，色彩和面料肌理共同组成的色彩世界变化万千。在游戏活动中，儿童不仅能够感知玩偶服饰中的色彩美，而且能够通过玩偶服饰的色彩，感知色彩的民族性、流行性、象征性及季节性等。

第二，服饰的造型美。服饰的造型首先包括服装的外形，如按照字母造型进行分类，有高贵的A形、女性味十足的X形、活泼的T形等；其次是服装的内部分割线，如优雅的公主线、传统的门襟形状等；最后是各种服装部件的形状，如几何形的领口弧线、优美的荷叶边等。

第三，服饰的图案美。服饰的图案非常丰富，大自然的花鸟鱼虫、飞禽走兽，以及设计师幻想出的各种图形尽在其中，这些图形体现了大自然的勃勃生机和人类的无穷智慧，无不给儿童美的联想和体验。

第四，服饰的材质美。不同的材质呈现不同的肌理。据观察，儿童特别喜欢轻柔的薄纱、柔软的绸缎，以及美丽的蕾丝，这些材质不仅能够带给儿童美的感受，而且能够带给儿童温暖感、安全感和愉悦感。

除此之外，儿童在换装游戏中的"二次创造"可以让玩偶服饰实现美术活动的发展目标——探索与表现。一般玩偶服饰是成系列或成套设计的，设计师已经精心设计好一个系列或一套玩偶的服饰，在色彩、廓型及饰品等方面都进行了精心的搭配。但儿童在游戏中，不仅善于模仿，更喜欢"破坏"。他们会根据自己的喜好对玩偶服饰的搭配方式进行重新"洗牌"，这就是他们对玩偶服饰的"二次创造"。在这个过程中，儿童尽情地表达自己认为美的一种穿戴方式。

每款玩偶服饰中的色彩、造型、图案及材质等视觉要素共同构成一个层次丰富的立体作品。同时，它像一曲交响乐，每种视觉形式相辅相成，共同演绎着一种美的旋律，儿童沉浸其中，自然可以获得美的熏陶。

由此可以发现，玩偶服饰可以开展 5 种游戏活动。《指南》中规定的促进儿童全面发展的 5 种游戏活动，体现了儿童全面发展的教育观。每种游戏活动对儿童发展的促进作用是多方面的。以健康活动为例，健康活动的主要目标是促进儿童身体发展，但同时健康活动中的规则认同、同伴协作，以及挫折体验等又可以促进儿童的认知发展、情感与社会发展。根据玩偶的特点可知，儿童利用玩偶服饰开展的 5 种游戏活动也是交织在一起的，主要以换装行为为主线，将健康活动、语言活动、社会活动、科学活动、艺术活动串联起来。因此，对于儿童来说，玩偶服饰是具有全面发展价值的。

▌拓展阅读书目推荐

戴文翠，《服装设计基础与创意》，中国纺织出版社，2019 年 7 月。

丁海东，《学前游戏论》，辽宁师范大学出版社，2003 年 5 月。

秦金亮，《儿童发展概论》，高等教育出版社，2008 年 1 月。

思考与练习

1．玩偶服饰与真人服饰的联系与区别是什么？

2．儿童利用玩偶服饰可以开展哪些游戏活动？

3．芭比娃娃的成功主要源于哪些因素？

4．仔细观察儿童与着装玩偶的互动情景，并从如下角度进行记录：玩耍时间、玩耍时长、玩耍地点、玩耍同伴、具体行为、具体语言。

本章讲课视频

第二章　玩偶服装的廓型设计

导读：

　　通过本章学习，学生能够了解玩偶服装中的常用廓型，掌握玩偶服装的廓型设计方法，以及在玩偶服装的廓型设计中预设游戏活动的基本方法。

　　服装的廓型是服装呈现给人的第一印象，体现了服装的整体特征。一般我们在描述人的着装时，首先会描述服装是宽松的还是紧身的，是短的还是中长的，是筒裙还是大摆裙，是西装裤还是喇叭裤等。这些描述都没有涉及服装的细节，主要描述服装的整体特征，这些整体特征都指向服装的廓型。因此，在服装设计活动之初，首先要确定服装的廓型，切忌随意拼凑，缺乏整体观。因为只有整体廓型的变化，才是服装真正的变化，只有整体廓型进行变化，才能够使服装款式有明显的突破。

第一节　玩偶服装中的常用廓型

　　服装的廓型是以人体为依托而形成的整体外形。廓型是服装造型的基础。廓型的塑造，直接影响着服装的整体视觉效果。无论是什么主题，都要先确定廓型。另外，廓型可以作为创意的突破点，是服装创新设计的有效途径。在服装设计中，关于廓型可以分为3种类型，即字母形、几何形与组合形。

所谓字母形廓型，主要是根据服装的廓型与字母形状的相似性而得名的。1947年，法国时装设计大师克里斯汀·迪奥（Christian Dior）因推出凸显女性柔美身材的 New Look 系列服装而享誉当时的服装界。该系列服装修饰精巧的肩线，急速收起的腰部凸显出与胸部曲线的对比，从纤细的腰部开始，小腿的裙子逐渐由臀部向下摆放宽，呈现出一种类似字母 X 的外形。New Look 系列服装的成功主要源于服装明晰、新颖的廓型，克里斯汀·迪奥利用这一成功经验，又陆续推出了 H 型、Y 型、O 型等一系列廓型服装，开启了服装设计史上的"字母时代"。其廓型设计观念对后期的服装设计产生了巨大的影响。表 2-1 所示为目前常用的 8 种字母形廓型分类。

表 2-1　字母形廓型分类

廓　型	造型特征	精神气质
A 型	窄肩、宽下摆、不收腰	庄重、典雅等
X 型	宽肩、宽下摆、收腰	女人味、干练等
H 型	正常肩部宽度、肩与下摆同宽、不收腰	优雅、自信等
T 型	宽肩、窄下摆	动感、活力等
V 型	宽肩、窄下摆。肩部宽度较夸张，至腰部、臀部、下摆部的维度渐渐收紧	个性鲜明、干练、运动等
Y 型	宽肩、蝙蝠袖、窄下摆	动感、活力、优雅等
O 型	窄肩，窄下摆，中间宽大	个性、浪漫等
F 型	整体廓型不对称。设计的重点在上部，上衣左、右袖子有很大的差异，一边窄小或没有，而另一边则宽松、修长，形成鲜明的对比。中、下部的服装比较紧致、合体	个性、另类等

A 形廓型服装是一种上窄下宽的造型，肩部或胸部窄小合体，由此向下至下摆逐渐展开，形如字母 A。A 形廓型与 V 形廓型在造型特征上正好相反，体现的气质也完全不同。身着 A 形廓型服装可以使人体显得修长，有典雅、稳重、含蓄及崇高之感，而身着 V 形廓型服装则显得活泼、前卫、动感十足。图 2-1 所示的作品采用的就是 A 形廓型的设计。

X 形廓型服装的主要特点是腰部紧身合体，与宽松的肩部和放宽的臀部形成鲜明对比，具有明显的女性身体曲线美，给人以含蓄、优雅之感。X 形廓型广泛应用于女装设计中，且不同季节的服装都可以使用此廓型进行设计。利用 X 形廓型既可以设计较长的连衣裙，又可以设计略短的中长裙、外套及更短的上衣等。X 形廓型的适用范围非常广泛。图 2-2 所示的作品采用的就是典型的 X 形廓型的设计。

H 形廓型服装的主要特点是肩部、腰部、臀部的围度接近，不收腰、不放摆，掩盖了人体腰身的曲线特点，整体造型呈现顺直、流畅、修长的特点，给人以简洁、干练、自在、肯定、舒展及庄严向上的视觉感受。H 形廓型常用于设计短上衣、中长上衣等服装。图 2-3 所示的作品中的上衣采用的就是 H 形廓型的设计。

T 形廓型服装的主要特点是肩部平直，至腰部、臀部、下摆部呈直线状，具有坚定、权势、独立之感。如图 2-4 所示，作品肩部造型宽阔，表现出了一种 T 形廓型的力量感，线条挺秀，给予服装强烈的视觉冲击力，权威而又内涵丰富，体现出大女人的形象。

设计者：浙江师范大学儿童发展与教育学院动画专业
（动漫衍生设计方向）2016 级阮琴

设计者：浙江师范大学儿童发展与教育学院动画专业
（动漫衍生设计方向）2016 级茹彤瑶

设计者：浙江师范大学儿童发展与教育学院动画专业
（动漫衍生设计方向）2019 级朱馨怡

设计者：浙江师范大学儿童发展与教育学院动画专业
（动漫衍生设计方向）2014 级唐钱卿

（五）V 形廓型

V 形廓型服装的主要特点是宽肩、窄下摆，肩部宽度较夸张，至腰部、臀部、下摆部的维度渐渐收紧，在男、女装设计中均可以采用这种廓型。V 形廓型给人个性鲜明、干练、运动的感觉，尤其在女装中使用此廓型可以凸显个性与时尚感。如图 2-5 所示，作品上部宽大，下部渐渐收紧，整体上体现出 V 形廓型的特点。

（六）Y 形廓型

Y 形廓型与 V 形廓型在造型上既有相同之处又有不同之处。相同之处是肩部都比较宽阔，不同之处是 V 形廓型整体上宽下窄，中途没有变化；而 Y 形廓型是 V 加 H 的组合形，也就是说，其肩部比较宽阔，但在腰、臀部收窄，直至下摆部。Y 形廓型的服装可以塑造出身材修长的人物形象。其个性鲜明而不失优雅，常应用于时尚女装、创意女装设计中。如图 2-6 所示，作品运用 Y 形廓型较好地表达了设计理念。

图 2-5　玩偶服饰设计《田边》　　　　　　图 2-6　玩偶服饰设计《云》

设计者：浙江师范大学儿童发展与教育学院动画专业　　　设计者：浙江师范大学儿童发展与教育学院动画专业
（动漫衍生设计方向）2014 级郑心安　　　　　　（动漫衍生设计方向）2014 级斯科琦

（七）O 形廓型

O 形廓型服装的主要特点是窄肩、窄下摆，中间宽大。其一般采取溜肩设计，不收腰且夸大腰部围度，下摆略收，整个外形呈弧线状，饱满、圆润、充实、柔和。如图 2-7 所示，作品使用 O 形廓型的设计，个性鲜明，特点突出，富有舞台效果。

（八）F 形廓型

F 形廓型是一种打破常规的服装廓型，突出特点是整体廓型不对称。该设计的重点在上部，上衣左、右袖子有很大的差异，一边窄小或没有，而另一边则宽松、修长，形成鲜明的对比。中、下部的服装比较紧致、合体。当手臂展开时，服装整体上像一个大写的字母 F。图 2-8 所示的作品采用的就是典型的 F 形廓型的设计，为了使人的视觉重心保持平衡，左侧的裙子下摆进行了一些延长。

图 2-7 玩偶服饰设计《舞会》

设计者：浙江师范大学儿童发展与教育学院动画专业

（动漫衍生设计方向）2016 级付现荣

图 2-8 玩偶服饰设计《其二》

设计者：浙江师范大学儿童发展与教育学院动画专业

（动漫衍生设计方向）2019 级凌景怡

二、几何形廓型

几何形廓型主要是将服装外形简化归纳成几何形，按照几何形特点进行分类的一种服装廓型。几何形廓型与字母型廓型有很多交集，图 2-9 所示的直线形廓型与字母形廓型中的 H 形、A 形、V 形、O 形等廓型是一致的。此外，几何形廓型又在字母形廓型的基础上，丰富了服装廓型的类别。字母形廓型主要以直线形为主，不能将许多具有曲线特点的服装外形体现出来，而几何形廓型中的曲线形廓型，刚好弥补了这种不足。

直线形廓型   曲线形廓型

图 2-9 几何形廓型（图片来源：必应官网）

　　组合形廓型是在上面两种廓型的基础上，增加一个比较夸张的外形或某一具象形外形的服装廓型。组合形廓型一般用于童话中的角色服装、表演类的服装，以及创意类的服装设计中。如图 2-10 所示，作品在原有曲线形廓型的基础上，在肩部增加了一对蝴蝶的形状。如图 2-11 所示，作品在原有曲线形廓型的基础上，在臀部增加了一对天鹅翅膀的形状。组合形廓型服装充满了想象力与喜剧效果，非常适合用于针对儿童的玩偶服饰设计中。

　　字母形、几何形与组合形 3 种廓型之间既有差别，又有交集。在设计时，可以互为补充。一般可以先利用字母形廓型确定整体服装廓型，再运用几何形廓型丰富廓型，使服装廓型既有整体特点，又有一些细节变化，不会显得简单。

　　在初学玩偶服装的廓型设计时，适合使用平面几何形组合法进行廓型设计练习。这种方法可以不考虑部件、结构、材质等廓型以外的其他设计要素，只需专注于廓型的形式美，如服装形状、大小、比例、节奏等方面的对比与调和关系。通过这种方法，可以快速训练学生对一套服装或系列服装的廓型设计能力。

　　利用 PPT 进行廓型设计练习是一种很好的方法与途径。其具体操作方法是，首先，将一张空白幻灯片当作画布。其次，插入画好的模特图片，选择"插入"→"图形"命令，利用软件中自带的各种几何图形进行编辑、组合，设计出不同的服装廓型。利用PPT进行廓型练习有以下 3 种好处。其一，PPT 操作简单，一般学生都会操作。其二，PPT 中的形状丰富，通过排列组合，可以设计出变化万千的服装廓型。PPT 中的形状如图 2-12 所示。丰富的几何形可以搭配出各种不同的服装廓型。其三，PPT 中的形状可以填充不同的图案，这样不仅可以使服装的效果更加丰富，而且可以使系列作品表现出一定的主题感和系列感。如图 2-13 所示，几何形中填充的都是手绘作品，虽然每套服装中填充的图形各不相同，但是相同的手绘风格足以使 4 套服装呈现较强的系列感。如图 2-14 ～图 2-16 所示，选好形状后可以通过填充统一的颜色或 PPT 自带的图案使多套服装形成丰富且统一的视觉效果。

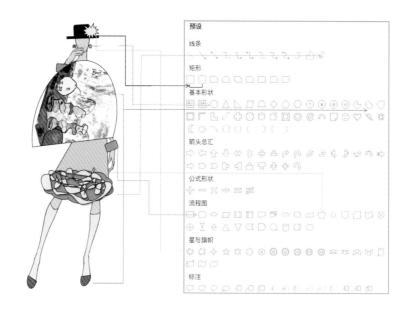

图 2-14　女装系列的廓型设计 2

设计者：浙江师范大学儿童发展与教育学院动画专业（动漫衍生设计方向）2019 级周彤

图 2-15　女装系列的廓型设计 3

设计者：浙江师范大学儿童发展与教育学院动画专业（动漫衍生设计方向）2020 级孙鑫宇

图 2-16　男装系列的廓型设计

设计者：浙江师范大学儿童发展与教育学院动画专业（动漫衍生设计方向）2020 级屈铭涛

第三节　玩偶服装的廓型设计与游戏预设

　　廓型是服装的整体外形，是吸引儿童非常重要的因素之一。同时，有趣的廓型还是激发儿童游戏动机的前提。由于字母形与几何形两种服装廓型都比较抽象，对于认知能力有限、主要以形象思维为主的儿童来说，比较难以与生活中的物体产生联想，因此通过廓型引发儿童游戏动机比较困难。而在原有廓型的基础上加入具象形的组合形廓型，含有儿童熟悉的形状，容易与儿童的记忆产生联想，符合儿童的形象思维特点，比较容易激发儿童的游戏动机。如图 2-17 所示，玩偶服装主要是根据《山海经》中春神句芒的形象特点进行设计的，《山海经》原文描述句芒为"鸟身人面"，如果在服装造型中没有加入比较具象的翅膀，那么人物的特点将较难体现，且儿童的思维也很难和《山海经》中的人物形象产生联系。因为儿童只有在识别廓型符号信息后，才会根据玩偶及其服装的身份进行模仿，从而开展角色游戏、表演游戏等社会与语言类活动。

　　在选择形状设计廓型时，要根据儿童的认知特点，选择儿童熟悉的具有典型符号特征的形状。例如，可以根据大多数儿童喜欢的动植物、爱看的绘本、喜欢的动画片，以及儿童熟悉的生活场景等选择用于设计廓型的形状。另外，针对儿童的玩偶服饰设计，服装的廓型可以适度夸张，使玩偶的形象特征更加突出，使服装外形各部分的比例有较明显的反差。这样，不仅可以使廓型变化更加明朗，便于儿童识别，而且可以使儿童开展大小、形状等不同内容的科学探索活动。

设计者：浙江师范大学儿童发展与教育学院动画专业（动漫衍生设计方向）2018级邱尹彤

拓展阅读书目推荐

王欣，《服装设计基础》，重庆大学出版社，2016年8月。

刘凤伟，《角色游戏设计》，天津社会科学院出版社，2017年11月。

1．列举10款知名玩偶服装进行廓型分析。

2．利用PPT进行系列服装（4套）的廓型设计练习。处理好服装的形状、大小、比例、节奏等方面的对比与调和关系。注意，在形状中需要填充色彩或图案，使系列服装有一定的主题倾向。

本章讲课视频

第三章　玩偶服装的结构设计

导读：

通过本章学习，学生能够了解玩偶服装的结构设计中服装的结构与结构线，掌握玩偶服装的结构设计方法，以及在玩偶服装的结构设计中预设游戏活动的基本方法。

玩偶服装的结构设计是继廓型设计的又一主要设计内容。如果说廓型设计指服装的外部造型设计，那么结构设计就是服装的内部造型设计。结构设计作为服装设计活动的重要组成部分，既是款式设计的延伸和发展，又是工艺设计的准备和基础，在整个服装设计制作中起着承上启下的作用。虽然有些服装结构需要结合人体的结构进行设计，如胸、腰等体块突出的部位，但是有些结构则可以从视觉效果出发，进行一些创新设计。有些服装结构受廓型的影响，也就是说，这些内部造型与廓型相互依存，相互影响，那么在设计时应注意内外兼顾。而有些内部造型不需要考虑外形因素，可以进行自由设计。另外，有创意的服装结构可以使服装外观别具一格。因此，服装结构也是服装设计创新的一个重要突破口。

第一节　服装的结构与结构线

结构的基本含义是物体组成部分之间的连接方式。而服装的结构，主要指服装各部件和各层材料之间的相互组合关系，包括服装各部位外部轮廓线之间的组合关系，各部位内部结构线及各层服装材质之间的组合关系。服装的结构是服装的内部造型，与廓形同样重要，廓型表示整体，服装的结构表示局部。一方面，没有结构，服装与身体的贴合度不紧密，就难以达到合体的效果；另一方面，没有结构的服装缺乏细节，形式美会受到很大的影响。

　　服装的结构主要依靠结构线体现，结构线是能够引起服装款式变化的外部造型线和内部缝合线的总称。结构设计也可以说是结构线设计，根据结构线的功能不同，服装的结构线主要分为实用结构线、装饰结构线、多功能结构线 3 种。服装的结构设计主要围绕这 3 种结构线展开。

一、实用结构线

　　实用结构线主要指服装成型必不可少的衣片之间的缝合线，是由人体的结构特点及款式的造型特点决定的。首先，实用结构线包括各部位的缝合线，如肩缝线、侧缝线、腰缝线、上裆线、省道、褶裥线等。以肩缝线与侧缝线为例，它们是上衣前、后片的连接线，主要根据人体躯干与颈部、手臂的结构决定。其次，实用结构线也包括服装部件或服装外部造型的轮廓线，如领部轮廓线、袖部轮廓线、底边线、烫迹线等。最后，实用结构线还包括服装零部件的轮廓线。由此可见，实用结构线是服装的基本结构线，是结构线设计的参照线。在服装设计中，当实用结构线进行强化时，它也兼具装饰功能。在如图 3-1 所示的服装的结构设计中，门襟线、领口线、腰头与衣片的连接线等均为实用结构线。

图 3-1　服装的结构设计 1

设计者：浙江师范大学儿童发展与教育学院动画专业（动漫衍生设计方向）2019 级陆钱琪

二、装饰结构线

装饰结构线主要指不具备任何实用功能，纯粹起装饰作用的衣片分割线。使用装饰结构线的主要目的是体现服装构成的形式美，装饰结构线一般分为立体装饰线、平面装饰线两种。

立体装饰线包括立体花饰、蝴蝶结，以及如图 3-2（a）所示的由荷叶边形成的线等。

平面装饰线不仅包括在有镶边、嵌条、刺绣等设计时，不同宽窄的边条同服装相拼相嵌形成的线，以及精美的刺绣、镂空绣等装饰线，而且包括装饰带、抽褶线，以及如图 3-2（b）所示的由领口与腰部的螺纹形成的线等。

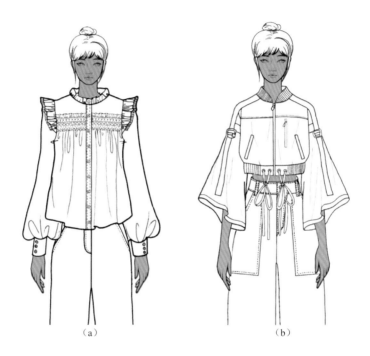

（a）　　　　　　　　　　　　（b）

图 3-2　服装的结构设计 2

设计者：浙江师范大学儿童发展与教育学院动画专业（动漫衍生设计方向）2019 级胡乐乐

三、多功能结构线

多功能结构线主要指集实用与装饰于一体的结构线。例如，公主线。它是女装设计中常用的一种结构线，又叫作通天落地省，指从肩缝或袖笼处开始，通过腰部至下摆底部的开刀缝。公主线既是一种特殊的结构线，又是一种优美的装饰线，最早被欧洲的公主服装所采用，在结构上起到展宽肩部、丰满胸部、收缩腰部和放宽臀部的尺寸的调节作用，同时在视觉上使衣片有了分割变化，效果更丰富。再如，上衣肩部的育克。它与衣片相连的结构线叫作过肩线，如图 3-3（a）所示，一般在上装的前、后正身衣片中同时使用，可以分别融入胸省和肩省的省量，使服装更合体，同时，这条结构线也能够丰富衣片的视觉效果。它结合了实用与装饰两种功能。除此之外，有些省道也兼具实用与装饰两种功能。另外，衣片在分割后，还可以进行拼色、嵌入花边等设计。如图 3-3（b）

所示，采用了公主线的设计，同时在公主线中夹入蕾丝花边，使前衣片的视觉效果更加丰富。

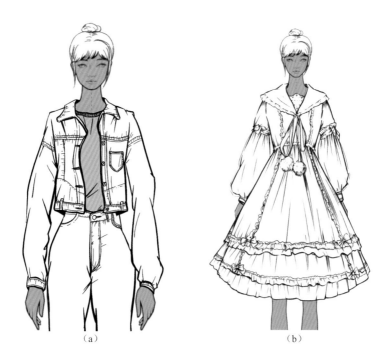

（a）　　　　　　　　　　　　（b）

图 3-3　服装的结构设计 3

设计者：浙江师范大学儿童发展与教育学院动画专业（动漫衍生设计方向）2019 级朱馨怡

第二节　玩偶服装的结构设计方法

一、利用实用结构线进行服装的结构设计

实用结构线是服装的基本结构线，是一切款式设计的基础。如果使用实用结构线来进行结构的创新，那么既可以保持结构线的实用功能，又可以使服装造型产生新意。

（一）将服装中原有的一条或几条实用结构线与其他细节产生联系

如图 3-4（a）所示，将前衣片的过肩线与口袋进行了巧妙组合，使衣片结构简洁又富有变化，同时还简化了工艺。另外，省道与口袋、领口线与飘带等部位都可以采取这种方式进行结构设计。

（二）改变原有实用结构线的位置或造型

改变原有实用结构线的位置或造型是一种简单又富有创意的结构设计方法。如图 3-4（b）所示，将衬衫的肩部结构线下移，使服装效果顿时充满时尚感。此外，成人裤子的腰线下移形成的低裆裤、直裆下移形成的吊裆裤等都曾风靡一时，都采用的这种结构设计方法。

（三）延长服装中原有的一条或几条实用结构线

延长服装中原有的一条或几条实用结构线后，使之形成新的兼具实用与装饰两种功能的结构线。如图3-4（c）所示，延长了肩部的结构线至袖子，并进行了拼色设计，增添了风衣的新意。这种方法可以用在服装的许多部位，如领口线、门襟线等。如图3-5（b）所示，服装本来分上、下两个部分，但当将上部的前门襟延伸到下面的裙子上时，服装效果变得颇具新意。

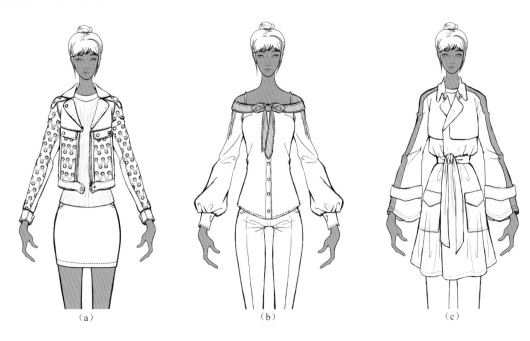

（a）　　　　　　　　　　（b）　　　　　　　　　　（c）

图 3-4　上衣结构设计

设计者：浙江师范大学儿童发展与教育学院动画专业（动漫衍生设计方向）2018级陆单丹

（四）采用不对称外形使衣片形成新的结构

在一般情况下，每片衣片都有外形，一般都是左、右或前、后呈对称关系，如上衣、背心、裤子和裙子等。如果打破这种常规结构，使服装产生一种不对称的外形，那么服装效果很容易产生新意。

（五）对内、外层结构进行设计使服装形成新的造型

一般服装的衣片是一片连接另一片，如果在某些部位，采取一片连接两片或多片的形式或结构，那么可能会使服装的外形产生意想不到的效果。如图3-5（c）所示，风衣上部的正身衣片与袖子的连接处增加了3层衣片，使袖子上部形成内、外的多层结构，打破了传统的肩部造型，非常有新意。这种结构设计方法可以用于正身衣片与领子、腰与裤子等部位，对服装外形创新有很大的帮助。

（a）　　　　　　（b）　　　　　　（c）

图 3-5　连衣裙与风衣结构设计

设计者：浙江师范大学儿童发展与教育学院动画专业（动漫衍生设计方向）2018 级来书吟

二、利用平面分割法进行服装的结构设计

利用不同方向的分割线在廓型内进行不同形状的分割，不仅可以修饰廓型比例的不足，而且可以使服装内部更丰富。分割线的运用一定要注意美的形式法则，设计时在线的方向、长短、间距等方面要进行反复权衡，在对比中求变化，在变化中求统一。

分割线包括 3 种。每种分割线既可以单独使用，又可以综合使用。

（一）垂直分割线

图 3-6（a）所示就使用了垂直分割线。垂直分割线可以用于修饰短装的廓型，使人在视觉上产生增高的效果。

（二）水平分割线

水平分割线多用于单色面料的服装，如牛仔服。如图 3-6（c）、图 3-7（b）所示的作品就使用了水平分割线。使用水平分割线可以增加衣片的装饰效果，丰富服装的视觉效果。

（三）倾斜分割线

由于倾斜分割线有一种不安定的动感，因此在服装设计中使用倾斜分割线可以增加活泼的气氛。如图 3-8 所示，半身裙采用了倾斜分割线，给人活泼之感。

在服装设计中，以上几种平面分割线一般会结合使用。但是为了得到既变化又协调的设计效果，一般应以某种分割线为主，并辅助运用其他类别的分割线。如图 3-6 所示，3 个图都综合利用了垂直分割线与水平分割线。其中，左图服装中的垂直分割线较多，水平分割线较少；而右图服装中的水平分割线较多，垂直分割线较少。如图 3-8 所示，以倾斜分割线为主，并少量运用了垂直分割线和水平分割线。

由于分割线的位置、形状与方向不同，体现出的视觉效果和心理情感也各不相同，因此在使用分割线时，要根据服装的风格特点进行灵活运用。分割线的位置决定了服装的趣味中心。一般上装的分割线位于服装的上部，与头部接近，可以烘托和提升人物形象的精气神；下装的分割线适合在腰部、臀部附近，可以凸显女性身材的丰满与性感。

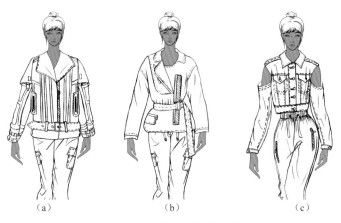

（a） （b） （c）

图 3-6 牛仔服结构设计

设计者：浙江师范大学儿童发展与教育学院动画专业（动漫衍生设计方向）2018 级徐佳慧

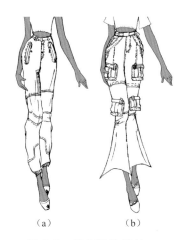

（a） （b）

图 3-7 裤子结构设计

设计者：浙江师范大学儿童发展与教育学院动画专业
（动漫衍生设计方向）2018 级温燕香

（a） （b）

图 3-8 半身裙结构设计

设计者：浙江师范大学儿童发展与教育学院动画专业
（动漫衍生设计方向）2018 级徐佳慧

不同的分割线的形状可以表现服装的不同气质。以直线为主的分割线，可以体现出干练、中性的气质；以曲线为主的分割线，可以体现出柔美、优雅的气质；以斜线为主的分割线，可以体现出活泼、灵动的气质；而包边的结构线，则可以呈现出一种典雅的民族风。

第三节 玩偶服装的结构设计与游戏预设

利用可拆解式的结构设计，可以预设健康类与艺术类的游戏活动。可拆解式结构主要指服装局部与局部构造不是固定不变的，而是可以拆卸、连接、替换的。服装主要由正身衣片与部件连接而成，正身衣片主要指遮挡前胸部和背部的大块裁片，而部件也是衣片，主要指正身衣片以外的其他裁片，包括袖子、袖口、领子、口袋及腰带等。一般成人服装的部件与衣片是采用缝纫工艺进行缝合成型的，连接处是永久固定的，如袖子、领子与衣片的连接处，当下的玩偶服装也主要采取这种永久固定的方式。通过长期的设计实践可以发现，将系列玩偶服装结构设计成可拆解式的，可以大大增加儿童的参与度与玩偶服装的可玩性，成功地预设丰富的健康活动。

如图 3-9 所示，玩偶服装采取了可拆卸的结构设计。由于服装的领子、袖子、口袋等部件设计成独立的单元件，部件与衣片的连接部位安置了一些可以粘贴的材料，如拉链、纽扣、暗扣、绳带、字母贴等，因此部件与衣片之间是可以粘贴或拆卸的，可以让儿童自己动手将玩偶服装粘贴成型。儿童在操作过程中，需要用到拉、解、扣、贴、系、穿等一系列精细动作。这个过程需要儿童的手指进行各种协调配合，对儿童手部肌肉的灵活性和协调性发展有很好的促进作用，是典型的健康类的游戏活动。

可拆卸的领子　　　　　　　　　　　　　　　可扣的前门襟

可拆卸的袖子　　　　　　　　　　　　　　　可拆卸的裙子

可拆卸的腰带　　　　　　　　　　　　　　　可粘贴的后门襟

图 3-9　《山海仙侠》系列玩偶（陵鱼）服装的结构设计

设计者：浙江师范大学儿童发展与教育学院动画专业（动漫衍生设计方向）2018 级王琴茜

由于可拆卸的玩偶服装部件还可以让儿童体验造型设计与色彩搭配的乐趣，因此其兼具开展艺术活动的功能，特别是可拆卸的玩偶服装在进行系列设计后，为儿童开展艺术活动提供了很好的支持。因为系列玩偶服装是根据相同大小的玩偶设计的，玩偶服装的尺寸都是统一的，所以部件之间进行交换、混搭及连接非常方便。由于儿童在穿搭活动中，需要对点、线、面等形状及色彩进行反复选择与搭配，因此活动过程就是儿童感知美、体验美、表达美的过程，儿童的审美素养和能力在这种游戏活动中会得到潜移默化的提升。

▋拓展阅读书目推荐

梁军，《服装设计创意——先导性服饰文化与服装创新设计》，化学工业出版社，2015 年 6 月。

周晓兰，《健康活动新设计》，广西师范大学出版社，2001 年 8 月。

思考与练习

1. 服装中主要有几种结构线？试结合具体服装进行分析。

2. 服装的结构设计与表现练习：设计成系列感的两套服装，每套服装均包括大衣、连衣裙、外套、衬衣、牛仔服、马甲、裙子、裤子。要求每件衣服均搭配合适的饰品；每套服装画于一张 A4 纸上，使用黑白线描稿表现。

本章讲课视频

第四章 玩偶服装的部件设计

■ **导读：**

通过本章学习，学生能够了解玩偶服装的部件设计中服装部件的基本结构与外形，掌握玩偶服装的部件设计方法，以及在玩偶服装的部件设计中预设游戏活动的基本方法。

部件是服装的重要组成部分，主要指服装主体衣片之外的其他部分，具体包括领子、袖子、口袋等。部件的外形对于服装的廓型变化有直接的影响，特别是领子与袖子的造型，是决定服装廓型的重要因素。通过领子、袖子、口袋等部件的造型表现，可以直接展现服装的独特性与精彩神韵。但是在部件设计的过程中，不能忽略整体廓型的特点而仅在局部的部件上做文章，如在领子、袖子等部件上进行变化。服装各个部件的设计，都是为了使服装的廓型有细节的变化。但部件也是服装设计的亮点之一。只有在确定了服装的廓型之后，合理地进行各个部件的设计，才是精品之作。

玩偶服装的部件设计可以在各种部件基础款的基础上进行大胆创新。领子、袖子等部件基础款常用于生活装，注重简洁与实用性，而玩偶服装不需要有实用功能，主要追求创意新奇、造型夸张、装饰丰富，但无论造型怎么变化，玩偶服装的主体结构关系与基本款是一致的。

第一节 玩偶服装的领子设计

一、领子的基本结构与外形

领子与头部很近，不仅用于衬托和修饰头部，而且要符合颈部的状态。由于领子在服装中所起的作用是很重要的，因此它是服装设计中至关重要的一个部分。根据领子的构成，服装的领子分为两大类，一种是由领口组成的，另一种是由领口和领子组成的。

（一）领口

领口是前后衣片上剪出来的一种形状。如表 4-1 所示，由领口组成的领子有 4 种基本结构与外形。在设计中，不仅可以根据领口的大小和形状不同，变化出不同风格的领子，还可以根据整体设计的需要，在领口上进行各种工艺修饰，如包边、缀花边等。

表 4-1　领子的基本结构与外形分类——领口

分类	圆形领 （小圆领、中圆领、大圆领）	一字领	V 字领	方形领
图例				
定义	圆形领又称基本形领，是顺着颈窝的弧线弯曲且与人体颈部自然吻合的一种领子	一字领穿着后领线基本呈水平状态，因外形像"一"字而得名。横开领较宽大，前领口中心较高，略成弧线，后领口裁成一字形	V 字领的领口呈"V"形。V 字领的领口的深度变化、横开领的宽窄变化给服装带来了丰富多变的效果	方形领的领口线平直，呈方形，可以有大小不同的变化
特点	庄重、自然	潇洒大方、简洁高雅	浅 V 形领口给人以柔和感，而深 V 形领口则给人以严肃、庄重感	年轻活泼，颇具高贵的气质
适合的服装	套装、休闲装、内衣等	礼服、休闲装等	浅 V 形领口：毛衣、衬衫、男女休闲装及内衣等 深 V 形领口：礼服等	套装、礼服等

（二）领口＋领子

根据领口与领子的造型与结构特点，由领口和领子组成的领子也有丰富的造型。如表 4-2 所示，由领口和领子组成的领子有 4 种基本结构与外形。一般在设计中，在每种基本结构与外形的基础上，又可以变化出很多新的造型。

表 4-2　领子的基本结构与外形分类——领口＋领子

分类	立领	翻领（无领座翻领、有领座翻领）	坦领	驳领（平驳领、戗驳领、青果领）
图例				
定义	立领是一种没有领面只有领座的领型	翻领包括无领座翻领和有领座翻领两种。翻领的前领角是款式变化的重点，尤其是女装。翻领的前领角可以设计成尖形、方形、椭圆形等。大翻领或波浪形领等，主要依靠领子轮廓的造型变化而产生	坦领是平展贴肩的领型，一般无领座或领座不高于 1 厘米。坦领的领线可以根据款式的需要略加变化。如海军衫、水手服的领子属于单片坦领，同时在领边加以条状饰，领前缀飘带或蝴蝶结等	驳领是将领子与衣身缝合后共同翻折的一种领子。其是前门襟敞开的领型，衣身翻折部分叫作驳头。根据领子和驳头的连接形式和设计方法，可以将驳领分为平驳领、戗驳领及青果领 3 种
特点	严谨、典雅、含蓄，造型简练、别致	前领角是三角形的领子：严谨、保守；前领角是方形的领子：轻松、随意；前领角是圆形的领子：典雅、别致	青春、活力、清新、可爱	庄重、干练、成熟
适合的服装	旗袍、中山装、护士服、学生装等	衬衣、休闲外套、牛仔外套、风衣等	海军衫、水手服等	西服、套装、风衣、大衣等

二、玩偶服装的领子设计方法

玩偶服装的领子设计与许多因素有着密切的关系。根据玩偶的特点可知，在设计玩偶服装的领子时主要应考虑适体性、美观性。一般成人服装的领子设计除了要考虑上述两点，还要考虑服装的防寒、散热等实用性，而玩偶服装的设计可以忽略这一点。当下的人偶结构虽然在细节上更加简洁，但整体上，大的体块与结构与真人一致，如颈部结构与真人特征相似，从侧面观察，略向前倾斜。玩偶的颈部和头部有关节，虽然颈部的摆动幅度不大，但头部具有一定的可动性。因此，领子的设计要适合玩偶颈部的结构及颈部的活动规律，满足服装的适体性。玩偶服装的领子设计要参照人体颈部的 4 个基点，即颈窝点、颈侧点、颈后中点、肩侧点。领型的设计要满足儿童审美功能的需要，在风格上要与服装协调一致，在造型上要顺应服装的整体廓型。

只由领口组成的领子在设计时主要考量领口的宽窄、高低，以及领口线的形状等。而由领口和领子组成的领子在设计时要结合领口的造型，要考虑领口与领子两个组成部分的结构与外形。领口是领子的基础，虽然在视觉上不凸显，但为了适应各类服装造型需要，领口的高低、大小与形状要随之产生变化。领子是领子中较为显现的部分，独特的领子设计可以形成独特的服装款式。它的变化主要体现在领子的形状、大小、翻折形式，以及装饰等方面。在设计由领口和领子组成的领子时，领口与领子要同时考虑。总之，在设计领子时具体需要考量 6 个方面的因素，即领口的形状、领座的高度、翻折线的形态、领子轮廓线的形状、领尖的修饰，以及装饰。

另外，在设计玩偶服装时，领子的设计应根据服装整体风格的需要选择合适、得体的轮廓线。如图 4-1 和图 4-2 所示，无领子的领子，领口线就是轮廓线；有领子的领子，领子的外形线就是轮廓线。一般说来，各种曲线形式的轮廓线显得优雅、华丽、可爱；直线形式的轮廓线则显得相对严谨、简练、大方。领口较大，会显得宽松、凉爽、随意；领口较小则相对来说会显得拘谨、严实、正式。

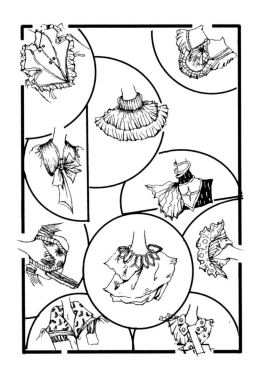

图 4-1 玩偶服装的部件设计——领子 1

设计者：浙江师范大学儿童发展与教育学院动画专业

（动漫衍生设计方向）2018 级温艳香

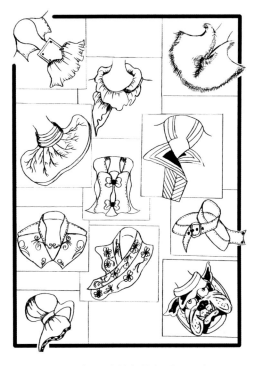

图 4-2 玩偶服装的部件设计——领子 2

设计者：浙江师范大学儿童发展与教育学院动画专业

（动漫衍生设计方向）2018 级徐家慧

第二节　玩偶服装的袖子设计

一、袖子的基本结构与外形

袖子是服装中非常重要的部件，其造型直接影响着服装的整体廓型。在玩偶服装的款式设计中，袖子扮演着重要的角色，很多服装都是通过袖子的变化而流行的。如表 4-3 所示，根据基本结构与外形的变化可知，袖子主要包括无袖、连袖、装袖、插肩袖 4 种，以此结构与外形为基础可以延伸出很多变化，如短袖、中袖、泡泡袖、灯笼袖等。

表 4-3　袖子的基本结构与外形分类

分类	无袖	连袖	装袖	插肩袖
图例				
定义	无袖因袖笼线位置、形状、大小的不同而呈现出不同的风貌，常用于夏天的衣裙、春秋的背心裙等	连袖又称中式袖、和服袖，衣身和袖片连在一起，肩部没有缝合线，呈自然倾斜状。由于袖子下垂时腋下出现微妙的柔软折纹，因此这种袖子常采用柔软、轻薄的面料，具有东方传统服饰的特点	装袖是根据人体肩部及手臂的结构进行设计的。它需要将正身衣片与袖子衣片分别进行裁剪并缝合而成	插肩袖的肩部与袖子是相连的，袖笼线由肩部延伸到颈窝，整个肩部被袖子覆盖。插肩袖的结构线颇具特色，流畅、简洁而宽松，行动较为方便自如。因为通过袖笼线的不同变化可以产生多种多样的款式，所以插肩袖是富于变化的
特点	清爽、典雅	含蓄、高雅、舒适、宽松	合体、美观，具有立体感	既有连袖的洒脱、自然又有装袖的合体、舒适
适合的服装	夏装、晚装等	休闲装、家居服、中式服装等	所有服装	所有服装

二、玩偶服装的袖子设计方法

在设计袖子时，主要应该注意袖型的变化与服装的整体关系，因为袖型的变化不仅会直接影响到服装整体外轮廓的造型，而且能够突出服装的风格样式。一方面，在整体风格影响下，袖子设计要顺应服装的整体廓型。例如，柔软、宽松的服装式样，可以采用连袖或插肩袖的结构；严谨、合体的服装或紧身的服装样式，可以采用装袖的结构，也可以采用连袖或插肩袖的结构；一些强调衣肩形态的服装，不仅可以借助各种形式的衬垫填充，而且可以采用特殊的肩袖的结构，如采用袖笼宽大的落肩袖型，夸张袖山体积的羊腿袖型，在袖山上设计省道、皱褶的袖型等。袖笼、袖山、袖口、袖型的长短与肥瘦配合多变的接缝方法，会使袖子的款式丰富多样。

　　在设计袖子时一般可以围绕袖型、袖笼与袖山的连接方式，以及袖口外形与结构等维度展开。其设计思路主要包括袖型的宽窄、长短变化，袖笼与袖山的连接方式，连接线的高低变化，袖口外形与结构变化，以及对袖子不同部位进行装饰等。有时，根据基本袖型变化一个维度，就可以使袖子产生新的视觉效果，如改变袖型；但如果想让袖型更有新意，可以改变 2 ～ 3 个维度，如既改变袖型，又增加另一个维度的变化，这样袖子的创新性会更强。如图 4-3（a）所示，对袖型进行了上下小、中部大的设计，同时对肩部的连接方式也进行了创新；如图 4-3（b）所示，对袖型进行了上紧下松的设计，同时为中间的连接处增加了绕带的装饰设计；如图 4-3（c）所示，对袖型进行了不规则的设计，使其整体上呈香蕉形，同时在袖子中部增加了很多连接线。图 4-4 所示为袖型、结构与材质的综合变化。图 4-5 所示为袖子装饰与色彩的综合变化。

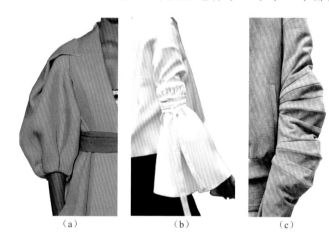

（a）　　　　　　　（b）　　　　　　　（c）

图 4-3　袖型、结构与装饰的综合变化（图片来源：必应官网）

（a）　　　　　　　　　　　　（b）

图 4-4　袖型、结构与材质的综合变化（图片来源：必应官网）

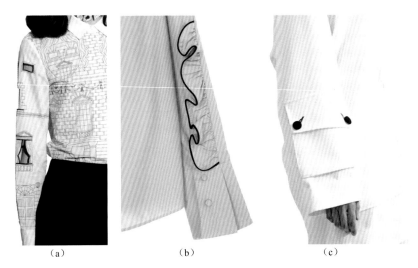

（a）　　　　　　　（b）　　　　　　　（c）

图 4-5　袖子装饰与色彩的综合变化（图片来源：必应官网）

　　利用袖型的变化可以使服装造型、风格产生重大变化。玩偶服装不受使用功能的限制，在设计中可以大胆、夸张，如图 4-6 和图 4-7 所示。围绕袖型、结构、材质等变化，可以制作出不同样式的袖子。不同袖型和服装搭配会带来完全不同的视觉效果。袖型大有文章可做。它是玩偶服装设计中的一条重要的创新思路。在设计服装廓型时，首先可以以袖型作为服装创新设计的突破口。

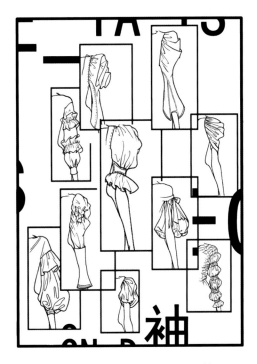

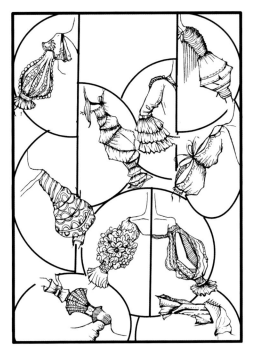

图 4-6　玩偶服装的部件设计——袖子 1

设计者：浙江师范大学儿童发展与教育学院动画专业
（动漫衍生设计方向）2018 级温艳香

图 4-7　玩偶服装的部件设计——袖子 2

设计者：浙江师范大学儿童发展与教育学院动画专业
（动漫衍生设计方向）2020 级樊倩倩

第三节 玩偶服装的口袋设计

一、口袋的基本结构与外形

口袋是服装的主要配件之一，种类多，形态变化也多。如表 4-4 所示，口袋大体上可以分为贴袋、挖袋和插袋 3 种。在每种基本结构与外形的基础上，口袋又可以变化出很多新的造型。口袋除具有实用功能外，还具有装饰作用，口袋设计得合理可以增加服装的趣味性、装饰性和层次性。

表 4-4 口袋的基本结构与外形分类

分类	贴袋	挖袋 （开线挖袋、嵌线挖袋、袋盖式挖袋）	插袋
图例			
定义	贴袋是将布裁剪成一定的形状后直接缝缝在服装上的一种口袋。贴袋制作简便，样式变化极多	挖袋是在衣身上按照一定形状剪成袋口，袋口处以布绲缝固定，内衬袋布制作成的口袋。挖袋分为开线挖袋、嵌线挖袋和袋盖式挖袋 3 种。开线挖袋的袋口固定布较宽，可以制成单开线或双开线的结构，在日常服装中使用得比较普遍。嵌线挖袋的袋口固定布较窄，仅形成一道嵌线状。在开线挖袋上加缝袋盖，即成为袋盖式挖袋。挖袋的袋口、袋盖可以有多种变化，如直线形、弧线形等，在口袋排列上可以呈横、直、斜形状变化	插袋指在服装拼接缝之间留出的口袋。口袋附着于服装部件上，袋口与服装接口浑然一体。插袋上也可以添加各式袋口、袋盖或扣襻，以丰富造型
特点	时尚、简洁	精致、稳重	简洁、高雅、精致
适合的服装	所有服装	春、秋及冬季的外套、风衣、大衣等	所有服装

二、玩偶服装的口袋设计方法

玩偶服装上的口袋没有实用的需要，主要追求装饰性。一般来说，休闲服、运动服及制服等需要设计口袋，而礼服、舞会装等不强调口袋的设计。丝绸类较轻薄的服装，以及紧身合体的服装大多不设计口袋，以保持服装的飘逸与悬垂感。在设计口袋时，需要注意局部与整体之间在风格上的协调统一。口袋的设计主要结合口袋的几种基本结构，在形状、大小、比例、位置等方面展开。如图 4-8～图 4-10 所示，在设计口袋时，可以结合纽扣、拉链、流苏及蝴蝶结等元素进行设计，这样可以创造出更加丰富的视觉效果。此外，还可以在玩偶服装设计中，进行比较夸张的口袋设计，这样既可以强化口袋的装饰作用，又可以形成一种比较独特的风格。

图 4-8　玩偶服装的部件设计——口袋 1

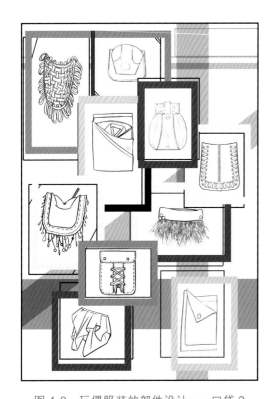

图 4-9　玩偶服装的部件设计——口袋 2

设计者：浙江师范大学儿童发展与教育学院动画专业

（动漫衍生设计方向）2020 级孙鑫宇

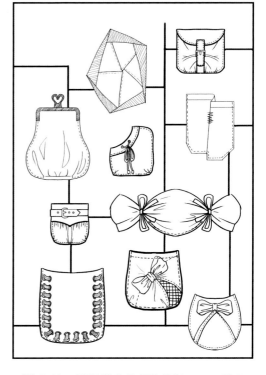

图 4-10　玩偶服装的部件设计——口袋 3

设计者：浙江师范大学儿童发展与教育学院动画专业

（动漫衍生设计方向）2020 级王佳颖

第四节 玩偶服装的部件设计与游戏预设

　　玩偶服装的部件设计可以结合其结构、外形预设游戏活动。为了增加玩偶服装的可玩性，部件可以设计成可拆卸的独立部件，让儿童开展健康类的游戏活动。例如，设计单独的袖子、领子、背带等，并在上面设计一些可以与衣片连接的材料，如拉链、四合扣、子母胶等，让儿童通过拉、按、捏等方式进行连接。如图4-11所示，芬丽娃娃的背带和领子是可拆卸的，适合儿童操作。

图4-11　芬丽娃娃（图片来源：苏宁易购官网）

　　在口袋设计环节，可以设计几个"真口袋"，让儿童玩"藏宝"游戏。一般玩偶服装上的口袋因为要注重装饰性，所以简化了结构与工艺。虽然其看上去像是口袋，但是不能像真人服装的口袋那样装东西，实际上是"假口袋"。相关研究表明，每个儿童都会经历一个占有欲敏感期，一般发生在3～4岁期间，主要表现为强烈的占有欲，在这段时期儿童对自己喜欢的东西（主要是一些小玩意儿）倍加珍惜，他们担心别人会拿走，不允许别人碰，他们会偷偷藏起来。对于儿童来说，由于玩偶是他们非常信赖的小伙伴，因此玩偶服装上的"真口袋"无疑是儿童非常放心的藏宝处。另外，在玩偶服装的部件设计中可以增加一些拉链、飘带、绳结等，以增加儿童与玩偶服装之间的互动性。

▍拓展阅读书目推荐

苏永刚，《服装设计》，中国纺织出版社有限公司，2019 年 11 月。
张锦庭，《孩子成长的关键期》，华南理工大学出版社，2017 年 5 月。

思考与练习

1．玩偶服装的部件设计练习：领子的设计（领口、立领、翻领、坦领、驳领各两款）。
2．玩偶服装的部件设计练习：袖子的设计（10 款）。
3．玩偶服装的部件设计练习：口袋的设计（10 款）。

 本章讲课视频

第五章 玩偶服装的材质设计

■ 导读：

　　通过本章学习，学生能够了解服装的常用材质，玩偶服装设计中关于材质的选择与运用，以及在玩偶服装的材质设计中预设游戏活动的基本方法。

　　服装材质指用于制作服装的所有材料。根据功能与用途不同，一般把服装材质分为面料和辅料。面料是玩偶服装构成的主体材质，不同的面料有着不同的外观和穿着性能。面料对于服装的色彩、造型、风格起着主要作用，是决定服装外观效果非常重要、直接的因素。对面料性质的掌握程度，是影响设计师成功设计的重要因素之一。除面料以外，辅料是构成服装材质中的其他所有材质，在服装构成中起到辅助工艺造型、完善功能、装饰风格等作用。没有辅料的默默支撑，面料将难以充分显示其光彩。辅料包括里料、衬料、填充料、细节材料、缝纫线、装饰材料等。伴随着面料的发展，辅料层出不穷，从而给服装设计带来更为广阔的空间。基于篇幅所限，本书主要针对在玩偶服装中起主要作用的常用面料进行简单梳理，而对辅料不进行介绍。

第一节 服装的常用材质

　　服装面料的分类方法有很多，本书主要从材质性质方面加以区分。一般，常用的玩偶服装面料可以分为三大类，即天然材质面料、化纤面料、混纺面料。每种面

料各具特色和不足，设计师可以根据需要选择合适的面料。

一、天然材质面料

常见的天然材质面料包括如下 5 种。

（一）棉布

棉布是各类棉纺织品的总称。它多用来制作时装、休闲装、内衣和衬衫。它的优点是轻松保暖，柔和贴身，吸湿性、透气性甚佳。它的缺点是易缩、易皱，外观上不大挺括美观，穿着前必须熨烫。

（二）麻布

麻布是以大麻、亚麻、苎麻、黄麻、剑麻、蕉麻等各种麻类植物纤维制成的一种布。它一般被用来制作休闲装、工作装。目前，也多以其制作普通的夏装。它的优点是强度极高，吸湿、导热、透气性甚佳。它的缺点是外观硬挺，质感比较粗糙，穿着不太舒适。

（三）丝绸

丝绸是以蚕丝为原料纺织而成的各种丝织物的统称。与棉布一样，它的品种很多，个性各异。它可以被用来制作各种服装，尤其适合用来制作女装。它的优点是轻薄、合身、柔软、爽滑、透气、色彩绚丽、富有光泽、高贵典雅、穿着舒适。它的缺点是易生褶皱、容易吸身、不够结实、褪色较快。

（四）呢绒

呢绒是对用各类羊毛、羊绒织物的泛称。它通常适用于制作礼服、西装、大衣等正规、高档的服装。它的优点是防皱耐磨、手感柔软、高雅挺括、富有弹性、保暖性强。它的缺点是洗涤较为困难，不大适用于制作夏装。

（五）天然皮革

天然皮革是经过鞣制而成的动物皮毛面料。它多用于制作时装、冬装，一般在比较小众的玩偶服饰设计中使用。天然皮革可以分为两类。一是革皮，即经过去毛处理的皮革；二是裘皮，即处理过的连皮带毛的皮革。它的优点是轻盈保暖且雍容华贵。它的缺点是价格昂贵，在贮藏、护理方面要求较高，故不宜普及。

二、化纤面料

化纤也称化学纤维。化纤面料包括雪纺、粘纤、冰丝、仿裘皮、人造革、合成革等。它是以高分子化合物为原料制作而成的纤维纺织品，通常分为人工纤维与合成纤维两大类。它的优点是外观和耐用性都非常高。从外观上看，在色泽方面，这种面料的光泽度高，色彩鲜艳，色彩附着度也很强；在塑形方面，雪纺、粘纤、冰丝等悬垂性、飘逸感都非常好，仿裘皮、人造革与合成革既柔顺又挺括；在手感方面，这种面料的弹性与柔韧性比较好。此外，这种面料的耐用性比天然织物更高。

它的缺点是耐磨性、耐热性、吸湿性、透气性较差，与皮肤之间的触感不好，穿在身上感觉不舒适，不适合用来制作内衣。但对于玩偶来说，不用顾及这一点。此外，这种面料遇热容易变形，容易产生静电。

三、混纺面料

混纺面料是将天然纤维与化纤按照一定的比例混合纺织而成的，可以用来制作各种服装。它的优点是既吸收了棉、麻、丝、毛和化纤各自的优点，又尽可能地避免了它们各自的缺点，而且在价格上相对较为低廉。混纺面料包含天然纤维与天然纤维混纺的面料，如棉麻、丝麻、丝绵、棉与羊绒混纺等；天然纤维与化纤混纺的面料，如棉与粘纤、麻与粘纤混纺等；化纤与化纤混纺的面料，如涤纶与莱卡，锦纶、氨纶与人造丝、人造棉之间混纺等。混纺面料集多种材料的优点于一身，可以开发出很多风格迥异的面料。莱卡是具有高弹力的纤维，可以同毛、麻、丝、棉及化纤混纺，使织物在保持原有特性的同时，增加弹性，加宽了面料的适用领域，给设计者和消费者带来了充分的选用和使用范围。

总体来说，玩偶服装采用化纤、人造革与混纺等材质的比较多。化纤布因花色丰富，悬垂性能好等特点而被广泛应用于比较飘逸的裙装中；人造革是塑造某些个性化形象不可替代的材料；混纺综合了几种面料的优点，不仅可以制作出棉、麻、丝等天然材质面料的感觉，而且规避了每种天然材质面料的不足。一般在玩偶服饰中，既可以使用一种材质，又可以综合使用多种材质，以产生丰富的视觉效果。

第二节　玩偶服装设计中关于材质的选择与运用

用于玩偶服装的纺织材料是服装设计的主体材质。它的舒适性、美观性、耐用性与再造性等是设计师比较、判断与选择材质好坏的依据，这不仅关系到玩偶服装的功能和款式的体现，以及最终的穿着效果，而且关系到洗涤、熨烫等服装的管理与保养。

一、舒适性

针对玩偶服装，首先要注意材质的手感。通常把用人的皮肤或手通过触摸去判断面料的性能称为手感或触觉风格，在日本和国内的学术界，触觉风格也常常被简称为织物风格。一般在设计成人服装时，舒适性是要考量的重点，成人服装的舒适性主要是服装织物为满足人体生理卫生需要所必须具备的性能。判断织物性能的指标包括通透性、吸湿性、保暖性、刚柔性、静电性等。其中，通透性包括透气性、透湿性、透水性与防水性。此外，保暖性包括导热性、冷曲、防寒性。由于舒适性是人们在取舍服装时考虑的一个重要因素，因此设计师在选择材质时必须把织物的舒适性作为基本条件考虑在内。

玩偶服装的舒适性与成人服装的舒适性有很大的差异。玩偶服装的穿着对象是玩偶，玩偶没有舒适性的要求，但是由于玩偶服装是儿童的玩具，因此其也应该具备一定的舒

适性。第一，要注意手感的舒适性。因为儿童的肌肤表皮稚嫩，所以粗糙的质感可能会对儿童皮肤造成伤害；第二，要注意手感的丰富性。不同质感的材料可以为儿童提供体验与探索的机会，从材质的角度体现玩偶服装的参与性与可玩性。根据材质的功能、色彩等属性可以进行材质的选择与运用。

二、美观性

由于对于玩偶来说，美观性是吸引受众非常直接、重要的因素，因此它是在设计玩偶服装时首要考量的重要维度。首先，玩偶服装织物的肌理、色泽、悬垂性是儿童在接触玩偶初期获得的第一印象，只有高颜值才能吸引儿童的眼球；其次，经过一段时间的把玩后，玩偶服装织物的抗皱性、免烫性、抗起毛起球性决定着玩偶外观是否持续保持美感，是儿童持续喜爱玩偶的决定性因素。

三、耐用性

耐用性是设计师不可忽视的另一个重要维度。它的好坏不仅直接关系到服装材质的使用性能和使用寿命，而且决定了玩偶的使用寿命和游戏体验。玩偶服装主要的活动内容是使用者给玩偶玩换装游戏，而不是一个静态的饰品。玩偶的主人会频繁地给玩偶穿脱服装，进行各种形式的搭配，这就需要玩偶服装织物有很强的耐用性。设计师必须根据服装款式、结构，以及预设的游戏活动，合理地选择面料和辅料，并将其运用到玩偶服装中。

四、再造性

再造性指面料具有二次设计的特点，即面料再造设计。面料再造设计又称面料形态设计、面料肌理设计、面料二次设计，指运用各种手段将原有面料进行立体改造，结合面料的色彩、材质、空间、光影等因素，将面料的外貌进行更改，使普通面料在肌理、形式、质感上均发生较大变化，从而产生新的外观视觉效果。例如，在将面料进行做旧、抽丝、揉褶、重叠等处理后用在服装中，都属于面料再造设计。

面料再造设计丰富与拓展了玩偶服装设计的新思路。过去，服装设计只停留在传统的设计手法中，如服装领子、袖子、口袋的款式局部变化，色彩的配搭，造型的轮回，材料的有限选择，风格的接近等，使设计的服装有雷同感，缺少视觉的创新突破。现在，通过对面料进行再造设计，如材质的全新塑造、肌理的奇异结合、层次的丰富多变等，给设计师带来了设计灵感和创新的动力，为玩偶服装设计的个性化、风格化提供了更广阔的空间，特别是对面料进行再造设计使普通的面料"改头换面"，充满视觉震撼。如图 5-1 所示，将普通的网纱进行打褶，呈现出柔和、优雅的视觉效果。如图 5-2 所示，将带有星星图案的透明白纱与深蓝色布进行重叠，使玩偶服装出现童话般的视觉效果，宛若夜空中闪烁着点点繁星。

图 5-1 妍妍梓娃娃（图片来源：淘宝官网）　　图 5-2 彤乐娃娃（图片来源：淘宝官网）

第三节　玩偶服装的材质设计与游戏预设

在玩偶服装的材质设计中注重肌理反差，可以预设科学类的游戏活动。服装材质的品种非常丰富，且在外观、质感及物理属性等方面有各自不同的特点，给人不同的心理体验。由此推及，儿童在玩偶游戏中，可以借助玩偶服装的材质，激发他们开展观察、探究与体验等科学类的游戏活动。

在儿童教育中，科学教育是培养儿童全面发展不可缺少的部分。由于针对儿童的科学教育指向的是培养儿童的科学素养与科学探究的兴趣，因此针对儿童的科学教育途径主要是创造条件让儿童参加各种探究活动，使他们体验科学探究的过程，感受发现的乐趣。如图 5-3 所示的玩偶服装采用了长毛绒、激光 TPU、欧根纱，以及带浮雕图案的织锦等面料，这些面料在厚与薄、硬挺与柔软、光滑与细腻等方面呈现出较大的反差，儿童在玩耍过程中，可以获得完全不同的视觉、触觉体验。

不同的材质会给人完全不同的感官与心理体验，如图 5-4～图 5-6 所示。从视觉角度来看，不同的材质呈现出不同的视觉效果，可以引发儿童的好奇心和探究兴趣。以激光 TPU 为例，根据面料的褶皱变化，其可以呈现出五彩斑斓的梦幻效果。此外，肌理反差较大的面料，在触觉上也会给儿童不一样的体验。

　　另外，将一些特殊面料运用于玩偶服装中，可以使儿童通过视觉感官体验材质的神奇变化，以提升儿童科学探究的兴趣与好奇心。例如，在不同灯光下，变色面料的色泽会产生变化。在黑暗中，夜光布遇光可以亮起来，且越暗，光线越集中，夜光布的反光越明显。在光线不强的室内，透明果冻膜 TPU 面料给人温润柔和之感，而在光线较强的室外，透明果冻膜 TPU 面料会泛出点点亮光。除了面料可以让儿童开展科学探究活动，玩偶服装的内里和夹层也可以使用一些能够发声的材质，以激发儿童的探究兴趣，促进儿童听觉和感观的发展。例如，响纸、BB 叫等材质，在触摸时会发出声音，可以将其缝制在玩偶服装的口袋、领子等夹层中，当儿童与玩偶互动时，服装会发出各种奇妙的声音，以引起儿童的兴趣，使其探索声音的来源。由此可见，玩偶服装可以通过面料的用心设计，为儿童创造一种特殊的探究机会与物质环境。

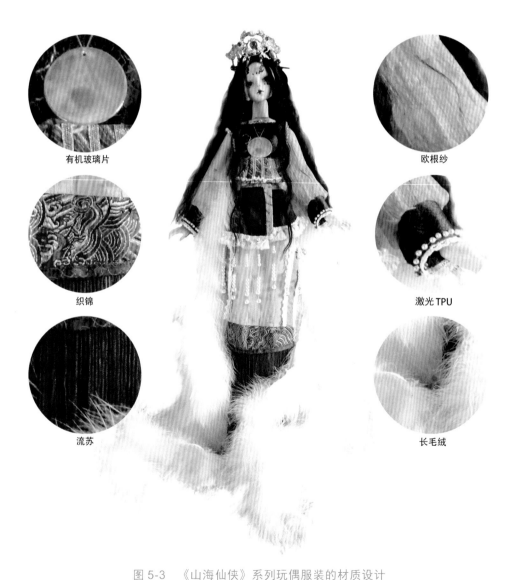

图 5-3　《山海仙侠》系列玩偶服装的材质设计

设计者：浙江师范大学儿童发展与教育学院动画专业（动漫衍生设计方向）2018 级孟紫轶

涤纶水晶丝缎

激光 TPU

透明果冻膜 TPU

夜光布

图 5-4　光泽可变化的面料（图片来源：淘宝官网）

尼丝纺

色丁缎

铜氨丝

醋酸

图 5-5　光滑面料（图片来源：淘宝官网）

长毛绒

荔枝纹皮革

棉麻手工剪花布

灯芯绒

图 5-6　有纹理的面料（图片来源：淘宝官网）

　　除了可以通过玩偶服装的面料预设游戏活动，在其他材质的设计中，也可以预设几种游戏活动。例如，适当"留白"，为儿童预设一些科学类、健康类及美术类的游戏活动，以增加互动性。玩偶服装中的首饰，一般由一些零散的珠子串接而成。如果想增加玩偶服装的互动性，设计者可以根据玩偶服装的风格特点提供一些半成品的材料，如使用各种不同的珠子——人造珍珠、木珠、玻璃及金属珠子等，让儿童串联成不同长度、外形的首饰。串珠可以锻炼儿童手部肌肉的灵活性和协调性，是一种很好的健康类的游戏活动。同时，儿童在设计首饰造型时，对数量和形状的掌控，也是一种很有趣的科学活动体验。

提供一些半成品的材料，还可以为儿童预设一些美术类的活动。在设计玩偶服装时，某些服装可以采用一些可以 DIY 的特殊面料，让儿童设计、涂鸦图案。例如，让儿童进行扎染，设计制作玩偶的围巾；让儿童进行涂鸦，设计表现玩偶的包袋、雨伞、鞋子等图案。目前，市场上已经有一种面料，儿童在该面料上涂鸦之后可以洗掉再次使用。

▊拓展阅读书目推荐

濮微，《服装面料与辅料》，中国纺织出版社，2015 年 1 月。

任绘，《服装材料创意设计》，吉林美术出版社，2014 年 5 月。

夏力，《学前儿童科学教育活动指导》，复旦大学出版社，2009 年 6 月。

（德）普雷斯，《科学游戏》，科学普及出版社，1985 年 8 月。

思考与练习

1．结合知名玩偶的服装分析面料与服装风格的关系。

2．根据不同的视觉、触觉面料，收集不同类型的服装面料。

 本章讲课视频

潮流玩偶服饰设计

第六章　玩偶服装的饰品设计

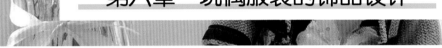

导读：

　　通过本章学习，学生能够了解玩偶服装的饰品分类及玩偶服装的饰品搭配原则，掌握玩偶服装的饰品设计方法，以及在玩偶服装的饰品设计中预设游戏活动的基本方法。

　　玩偶服装的饰品就是玩偶服装的装饰物，又被称为服饰配件。它以丰富的种类和形态出现于不同的服装风格之中，成为塑造个性风格的点睛之笔。服装与装饰物是两个不同的概念，"服装"包含衣服与穿着的含义，"装饰物"包含饰品与装饰的意思，它们之间相互关联，相辅相成。与成人服装设计一样，玩偶服装设计是一种着装状态的设计。因此，玩偶服装的饰品在风格、造型与色彩等方面都与玩偶服装相关，它们共同形成人们对玩偶的整体着装印象。

　　有些玩偶服装的饰品需要和服装一起制作，如与服装材质相同的手包、帽子、立体花饰等。而更多的玩偶服装的饰品则需要完备的技术和设备进行生产，且一般在设计、打样、制作、检验、测试等环节已经有了成套的流水线操作，特别是金属、皮革、塑胶类材质的饰品。由于它们在制作时专业性非常强，因此它们不能根据服装的需求进行个性化设计与制作，如鞋子、针织的袜子、手套等。本章所指的玩偶服装的饰品设计，主要指根据玩偶服装的风格与外形特点，选择合适的搭配方式。目前，市场上关于首饰、帽子、鞋子、包袋、袜子、手套等饰品的种类很多，一般可以满足不同风格玩偶服装的搭配需求。

第一节　玩偶服装的饰品分类

因为玩偶服装的饰品与现实生活中的真人服装的饰品一样，种类繁多，形式各异，所以要想对其类别进行严谨的划分比较难。饰品的分类方法有多种，一般常用的分类方法有以下几种。按照装饰部位划分，饰品可以分为头饰、衣饰、发饰、面饰、颈饰、耳饰、腰饰、腕饰、腿饰、足饰等；按照材质特点划分，饰品可以分为纺织品类、绳线纤维类、毛皮类、竹木类、贝壳类、仿珍珠宝石类、金属类、自然花草类、塑料类等；按照装饰功能与效果划分，饰品可以分为首饰、包袋、帽子、腰带、手套、伞扇、领带等。每种分类方法都有自己的优点和不足，例如，按照装饰部位和功能进行分类的方法，没有涉及材质、造型等维度；按照材质特点进行分类的方法，没有涉及功能、效果等维度。玩偶服装的饰品设计是一个综合性的活动，在设计过程中，饰品的创意、造型、材料、功能及工艺等因素都要考量。作为设计师，既要了解不同的饰品类别，又不能局限于某种具体类别。只有多维度地灵活运用，才能更好地塑造玩偶最终的着装状态。

第二节　玩偶服装的饰品搭配原则

玩偶服装离不开饰品搭配，但又不能随意堆砌。合适的饰品可以为服装的颜值加分，相反，不合适的饰品不仅不能为服装的颜值加分，反而会降低服装的美观性。因此，玩偶服装的饰品设计必须遵循以下几个主要原则，才能够充分发挥其装饰功能。

一、从属性

玩偶服装的饰品在服装体系中处于从属地位。为了满足不同用户的需求，设计师在设计每款着装玩偶时应注重玩偶整体气质的设定。玩偶的整体气质由素体形象，以及与之协调的外在附加因素共同塑造，有机结合，形成一个统一的个性化整体形象。外在附加因素主要包括服装、饰品、发型等元素，服装无疑是外在附加因素中的主体部分，也是烘托玩偶气质、个性的主要元素，对玩偶的整体形象起主导作用。饰品主要围绕服装进行设计，通过配件、化妆、发型等衬托服装这个主体，从而进一步突出玩偶的整体形象，使玩偶的整体形象特点更加突出，外形更加完美。对于玩偶服装而言，饰品不能喧宾夺主。

二、象征性

每个玩偶都有一个身份设定，就像现实中的人物一样，有性别、职业、性格、年龄等，这些信息主要是通过玩偶外在的服装、饰品、发型、妆容等传递出来的。在社会生活中，每个阶层都有相应的服饰风格，这是由人们对某个阶层的刻板印象决定的。基于这种刻板印象，服装及饰品就带有一定的象征性。例如，小碎花的兜兜帽象征了清新的少女气质，而使用蕾丝、蝴蝶结装饰的帽子则象征了优雅的成熟女性气质；运动感十足的棒球帽象征了年轻、活泼的青少年，而帽檐翻起的牛仔帽则象征了洒脱不羁的男性气质。其他饰品如鞋子、手套、首饰等，根据造型、材质等构成要素的不同，都具有不同的象征性。这些具有不同象征性的饰品，对于塑造玩偶性格有着非常重要的这用。作为设计师，重要的是要定位好服装的风格，在此基础上，只有利用饰品的象征性选择饰品，才能完美地塑造玩偶的个性化形象。

三．协调性

着装玩偶的美是一种整体的美，是各个构成要素既相互对比又相互映衬后体现出来的一种整体的视觉效果。因此，协调性也是饰品的基本特征之一。玩偶服装作品的完成过程实际上是一种综合创造的过程，在这个过程中，许多独立的饰品被设计师有机地结合起来，从而使玩偶形成一个崭新、完整的个性化视觉形象。饰品的每个类别既可以以单独的形式存在，又可以融入着装的整体状态。例如，从材料、款式、色彩、工艺等维度来看，每种饰品都有着自己独特的要求，如结构合理、外形美观等。因此，不同类别的饰品有着很大的差别。但是从饰品的装饰效果来看，它们和服装之间一定要有呼应关系，无论是首饰、包袋，还是鞋子、帽子，某个局部如果和服装搭配不当，那么就会引起整体上的不协调。服装和饰品是密不可分的两个组成部分，单一地追求服装美或饰品美，都会使着装玩偶的形象不完整、不协调，唯有饰品在款式、材质、色彩等方面与服装之间相互协调，才能体现出整体的和谐之美。

（一）风格的协调

在设计饰品时，首先要注意饰品与玩偶服装风格的协调。创意类的玩偶服装，由于造型比较新异，因此饰品可以选择比较夸张的风格；古风类的玩偶服装，饰品可以结合古代饰品进行创新，使之蕴含一些古风气息；风格豪放、粗犷的玩偶服装，所选用饰品的风格应热情奔放、粗大圆润、光亮鲜艳；轻松、简洁、面料高档的玩偶服装，配上抽象的几何形耳环、项链等，有一种稳重、温柔之感；带有民族风格的玩偶服装，配以仿银质、贝壳、竹木、陶瓷等，饰品与服装相互映衬，共同营造出一种乡土民风和返璞归真的情趣。

（二）色彩的协调

色彩是饰品搭配中直接影响视觉效果的重要因素。正如俗语"远看颜色近看花"所言，色彩是给人第一印象的视觉元素。因此，在饰品设计中一定要处理好饰品与服装的色彩关系。饰品的色彩一般可以采取以下两种方法进行设计。

一种方法是选择服装中的任意一种色相作为饰品的色相，整体上可以得到协调的色彩美感，这是一种非常简单、稳妥的色彩搭配方法。如图6-1所示，选择服装中的某一单品或图案中的某一色相作为饰品色彩，这样可以与服装色彩直接呼应。利用这种方法，无论怎么选择，整体色彩都会搭配得比较协调。

图6-1　玩偶服装的饰品设计《竹影》

设计者：浙江师范大学儿童发展与教育学院
动画专业（动漫衍生设计方向）2016级胡梦

另一种方法是根据服装的主色调确定饰品色彩。先分析玩偶服装的主色调，再根据主色调确定饰品的色调。如果主色调是鲜艳的纯色调或中明调，那么饰品一般宜选择黑、白、灰色系，这样可以很好地衬托主色调。因为主色调的色彩本来就非常饱和、张扬，如果饰品选用纯色，那么整体效果就会显得很杂乱。黑、白、灰色系属于无彩色，与高纯度色相搭配正好可以冲淡高纯度色相的艳丽，使整体色彩具有一定的沉稳感。如果玩偶的主色调是明度较高且纯度较低的明灰调，那么饰品的色彩搭配会比较自由。如果玩偶的主色调是明度较低且纯度也较低的中灰调或暗灰调，那么饰品的色彩宜选择明度或纯度比服装主色调略高的色调。关于饰品色彩协调性的深入研究，可以参见"第七章 玩偶服饰的色彩设计"，在此不再进行深入探讨。

（三）材料的协调

不同的饰品使用的材料也不相同，如首饰一般以仿金属、仿珠宝、塑料为主；包袋主要以布、绳线、皮革为主；鞋子、帽子主要以毛毡、皮革、席草、布为主等。在玩偶服装的饰品设计中，常用的材料有仿玉石、仿珍珠、金属、塑料、玻璃、布、陶瓷、木、石、竹等，这些材料可以单独使用，也可以组合使用。将它们有机地结合起来，可以产生很多不同的视觉效果，但是要注意材料的选择应与玩偶服装材质相协调。

在对材料进行组合时，要注意应既有新意又搭配适当，材料之间的面积大小、色彩关系，以及造型比例一定要协调统一。相同类型材料的组合使用可以产生统一的协调感，而不同类型材料的组合使用则可以产生质感对比，效果更加丰富。在一般情况下，使用互为相反属性的两种材料进行组合，可以获得一些意想不到的视觉效果。例如，木和钢是两种完全不同的材料，它们的外观效果、纹样肌理、质地完全不同，若将它们巧妙地结合起来，将质感的特点都恰到好处地表现出来，则可以设计出款式古典而华丽的镶嵌式首饰。又如，软质材料与仿钻、仿玉石材料组合，也可以获得非常别致的视觉效果。布、皮革等软质材料编制后，在上面点缀珠串或碎钻，这样的组合柔中有刚，精巧别致。

材料的协调，一方面指饰品本身的材质选用要协调，另一方面指饰品与服装之间的协调。如图6-2所示，帽子选择与服装一样的材质，容易达到协调一致的效果。事实上，在饰品设计中，很多饰品与服装材质不同，要想获得协调的视觉效果，可以在风格、造型、色彩等方面寻找统一的元素。总之，综合就是创造，在设计玩偶服装饰品的过程中，我们应该拓展思路。只有这样，在选材、组合等方面才能有所创新。

图 6-2　玩偶服装的饰品设计《黑与白》

设计者：浙江师范大学儿童发展与教育学院动画专业（动漫衍生设计方向）2016 级朱圣扬

第三节　玩偶服装的饰品设计方法

本节主要根据玩偶服装饰品的特点，按照饰品的装饰功能与外观效果将玩偶服装的饰品分为 6 大类，并针对每类饰品的设计与搭配方法进行逐一分析。

一、首饰

首饰只需注重装饰效果，不讲究材质是否名贵。其使用的材料一般包括金属、纺织品、塑胶、仿珍珠、玉石等。按照首饰的装饰部位划分，玩偶服装的饰品中的首饰一般分为 8 种。

（1）头饰包括篦、步摇、发钗、发簪、发夹、头花等，如图 6-3 所示。

（2）面饰包括花黄、人贴等，如图 6-4 所示。

（3）鼻饰包括鼻环、鼻贴、鼻链等，如图 6-5 所示。

（4）耳饰包括耳环、耳坠等，如图 6-6 所示。

（5）颈饰包括项链、项圈等，如图 6-7 所示。

（6）胸饰包括胸针、领花等，如图 6-8 所示。

（7）腕饰包括手链、手铃、手环、装饰表等，如图 6-9 所示。

（8）脚饰包括脚链、脚铃、脚花等，如图 6-10 所示。

　　首饰主要根据玩偶服装的风格、造型等进行设计与搭配。一般古风类的玩偶服装使用的首饰比较多。古风类的玩偶服装比较华丽繁复，只有搭配样式较多的首饰，玩偶服装整体上看起来才比较协调。其中，头饰的搭配尤其重要。如果没有头饰或头饰较少，那么玩偶的上部就会显得比较简单、草率，与玩偶服装的华丽风格不般配。民族风格的玩偶服装与之类似，也需要有几种不同的首饰与之搭配。此外，在玩偶肢体裸露的地方也需要佩戴首饰。例如，身着短袖的玩偶需要佩戴腕饰，如手链、手铃、手环、装饰表等；身着短裙或短裤的玩偶，需要佩戴脚饰，如脚链、脚铃、脚花等。在进行这样的装饰之后，饰品与服装会形成呼应，玩偶的整体效果会更加完整。

（a）篦

（b）步摇

（c）发钗

图 6-3　头饰（图片来源：必应官网）

（d）发簪

（e）发夹

（f）头花

图 6-3　头饰（图片来源：必应官网）（续）

图 6-4　面饰（图片来源：必应官网）

图 6-5　鼻饰（图片来源：必应官网）

图 6-6　耳饰（图片来源：淘宝官网）

图 6-6　耳饰（图片来源：淘宝官网）（续）

图 6-7　颈饰（图片来源：必应官网）

图 6-8　胸饰（图片来源：必应官网）

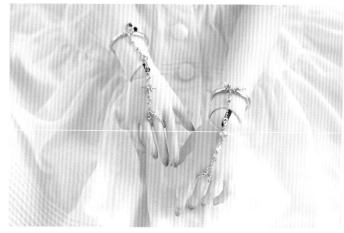

图 6-9　腕饰（图片来源：淘宝官网）

图 6-10　脚饰（图片来源：必应官网）

二、包袋

包袋主要起装饰作用，不需要有实用功能。合适的包袋与服装搭配，既能衬托服装的美，又能凸显包袋的特点。

第一，包袋款式要与服装款式的风格协调。如图 6-11 所示，上面一排包袋比较精致有型，适合搭配白领形象玩偶。若让其提着牛仔包或粘满珠片的宴会小包，则会使人感到不协调；中间一排包袋线条柔和，在玩偶穿着外出旅游的休闲服时，这 3 款包袋与之相配会比较自然得体；下面一排包袋比较休闲，适合搭配穿着生活装的玩偶。当玩偶穿着高雅、别致的礼服时，精致的宴会小包则是玩偶服装搭配的最佳选择。

图 6-11　包袋（图片来源：淘宝官网）

第二，包袋色彩要与服装色彩协调。为了达到与服装色彩协调的效果，一般包袋可以选用服装中的某一色相作为其色彩，这是一种比较简单、稳妥的包袋色彩设计方法。

包袋的色相与服装的主色调是同类色或邻近色关系时，也可以获得比较和谐的效果。此外，若包袋选用与服装主色调成对比色关系的色彩，则应考虑整体色调是否协调。

第三，包袋材质要与服装材质协调。这个主要根据服装风格与材质来决定，如果服装是高贵、典雅的礼服风格，那么包袋宜选用质感细腻的材质，如仿真丝、仿皮、绒面、串珠等；如果服装是休闲的田园风格，那么包袋宜选用质感质朴的材质，如草编、棉、麻、粗布等。与服装一致的材质，比较容易给人与服装一致的协调感。

除上述几点之外，还要注意包袋的款式、色彩、质地与其他饰品的协调关系。例如，包袋与帽子、鞋子、首饰等不要产生太大的反差，而要注重整体的效果。

三、帽子

对于玩偶服装来说，帽子具有很强的装饰性。和谐的帽子可以极大地丰富玩偶服装的整体视觉效果。帽子的品种极多，根据风格的不同，玩偶服装中的常用帽子大致可以分为优雅型、时尚型、休闲型、民族型4种类型。不同风格的帽子搭配的玩偶服装各不相同。

如图6-12（a）～（c）所示，宽边帽、装饰小帽等外形比较优雅的帽子适合与礼服类的玩偶服装搭配。比宽边帽的帽檐更大的有大檐帽，这类帽子的帽檐宽大、平坦，帽座底边镶有一圈彩色绸带，有的还有花卉装饰。此外，有些帽檐边缘也有类似丝缎包边装饰，大多采用锦纶、府绸和其他色彩明亮的透明或半透明织物制成。

在普通的帽子上添加某一动植物形象元素，会使帽子更具时尚感。贝雷帽是一种扁平的无檐呢帽，一般选用呢绒等制作，具有柔软精美、潇洒大方的特点。它原为法国与西班牙交界的巴斯克地区居民所戴，后作为一种时尚配件流行于男、女装搭配中。近年来，随着卡通形象的普及，传统的帽子也与卡通形象亲密接触，使帽子原来的造型更加时尚、酷帅，如图6-12（d）～（f）所示。卡通贝雷帽就是其中的典型代表。这类帽子比较适合与前卫的个性化服装、时尚休闲装搭配，显得俏皮可爱。

鸭舌帽、盆帽及草帽等运动、休闲类的帽子适合与休闲类的玩偶服装搭配。如图6-12（g）～（i）所示，这3种帽子的帽檐有宽窄变化，可以细分为多种造型。鸭舌帽与盆帽均因外形与物体形状相似而得名。鸭舌帽适合与帅气的中性化玩偶服装搭配，其帽檐的局部形如鸭舌，可以起防护作用。如果帽身前倾与帽檐扣在一起，又可以形成另一种鸭舌帽，另外，猎帽、高尔夫帽、棒球帽等均属于这种帽子的样式。盆帽可以分为几种不同的类型。一种盆帽由帽顶、帽墙与帽檐三部分组成；一种盆帽由帽顶与帽墙两部分组成；还有一种盆帽的帽顶与帽墙融为一体，非常简洁。

虎头帽、筒帽及罩帽都是具有浓郁民族特色的帽子。图6-12（j）所示为虎头帽，虎头帽源自中国传统的儿童帽，图案简洁，一般可以与中国风的玩偶服装搭配；图6-12（k）所示为筒帽，筒帽源自古埃及，一般可以与礼服类的玩偶服装搭配；图6-12（l）所示为罩帽，罩帽源自14世纪的欧洲传统女帽，用于妇女、儿童在草原上生活、放牧时遮阳避风，后又演变为贵族夫人、小姐的常用帽式，18世纪，罩帽广泛流行于欧洲，一般可以与优雅、复古的欧式玩偶服装搭配。

（a）宽边帽　　（b）大檐帽　　（c）装饰小帽

（d）卡通贝雷帽　　（e）卡通罩帽　　（f）卡通冬帽

（g）鸭舌帽　　（h）盆帽　　（i）草帽

（j）虎头帽　　（k）筒帽　　（l）罩帽

图6-12　帽子（图片来源：必应官网）

　　帽子在造型上要注意与服装的整体造型相协调。当服装比较宽大时，帽子的造型可以适度夸张，而当服装比较修长、细窄时，帽子的造型宜紧凑、精致。当服装造型比较简练时，帽子的造型也应简练、得体。除此之外，帽子的造型还要结合包袋、鞋子等饰品进行考量。

帽子的色彩要与服装及其饰品相协调，一般可以通过以下几种配色获得协调感。

同色相相配，指帽子的颜色与玩偶服装中的 1 ~ 2 种颜色相同，服装与帽子之间的色彩形成呼应关系，整体感强，风格典雅。

花帽配素衣，指当服装的色彩淡雅、素静时，帽子可以选择与服装同色调的小碎花、条格纹，这样会显得素雅中带有青春的朝气。

色彩的强对比，主要针对风格较为强烈的服装。选择这类搭配会显得大胆、夸张。这种搭配色彩对比强烈，应注意调和的因素。如图 6-13 所示，虽然明度对比强烈，但是因为黑色为无彩色，所以服装和帽子相匹配，色调也比较和谐。

色彩的弱对比，指同类色相配，即服装和帽子以相同或相近的色彩进行搭配。如图 6-14 所示，这种搭配在视觉上非常容易形成统一、谐调的效果，但整体上容易使人产生单调感，可以在材质、造型上添加一些变化。

图 6-13　芭比娃娃（图片来源：必应官网）　　　图 6-14　凯蒂娃娃（图片来源：淘宝官网）

当帽子的材质与服装一致时，玩偶服装在整体上可以产生协调感，如毛呢材质的服装与毛呢材质的帽子搭配；毛线材质的衣裙与毛线材质的帽子搭配等。在某些特殊的情况下，可以根据需要适当变化材质，如牛仔服可以搭配牛仔帽，也可以搭配草帽或针织帽，因为风格相一致，所以这样搭配也比较和谐。如果玩偶穿着夏装，如针织衫、丝绸衣等，那么也可以搭配质地细腻、编织精致的草帽。

此外，在创意型的玩偶服装设计中，也可以利用一些独特的面料来设计帽子，以更好地渲染服装设计的理念，但一定要注意帽子与服装的整体关系，切忌在设计中将重点放在头部，强调了头部而忽视了服装，给人以头重脚轻的感觉。

四．腰带

腰带是由各种材料制作而成的腰部装饰物，用于绑束及装饰服装。其实用性与装饰性是有机结合的。作为服装饰品的一个重要组成部分，腰带在整体服装中起到画龙点睛的作用。同时，作为整体服装饰品之一，腰带应该是能够与服装融为一体的。因此，在设计腰带时应从服装的风格、造型、色彩、材料等方面统筹考虑，以达到理想的设计效果。要注意腰带风格与玩偶服装风格的协调性。腰带风格要以服装风格为基点，与服装整体风格相呼应。腰带风格有多种，根据成人服装风格的演变，玩偶腰带有如下风格。

（一）优雅娴静

优雅娴静是女式腰带的特有风格，多以丝绸、布、皮革等材料制成。如图6-15（a）和（b）所示，纺织品束带以柔美、飘逸的形式于腰间打结，或于腰侧、腰后打蝴蝶结，飘带下垂，使服装尽显女性柔情。由皮革制成的腰带如果造型细窄，装饰物精巧细致，色彩雅致，那么也能够展示出淑女范。具有优雅娴静风格的腰带有以下几种。

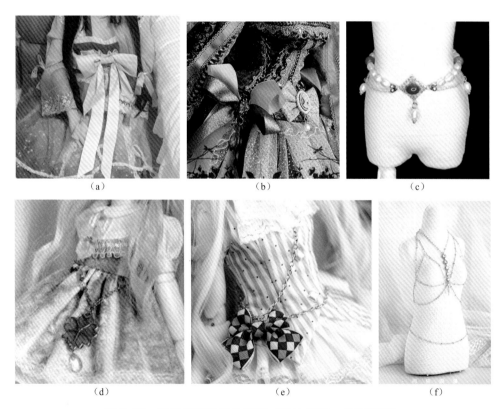

（a）　　　　　　　　　　（b）　　　　　　　　　　（c）

（d）　　　　　　　　　　（e）　　　　　　　　　　（f）

图6-15　优雅娴静风格的腰带（图片来源：必应官网）

1．珠饰腰带

珠饰腰带是在皮革或布制腰带上缀满珠饰亮片的一种腰带，也有以珠子穿缀而成的，如图6-15（c）所示。前者一般较宽，珠子按照色彩或形状排列出不同的图案。

2．腰链

腰链是以单层或多层链条组成的，多由金属制成。如图 6-15（d）所示，在链状结构中可以垂悬流苏、珠饰等装饰物，其装饰性很强。

3．胸饰带

胸饰带是由一连串的链圈或绳带组成的装饰性带子。如图 6-15（e）和（f）所示，胸饰带有一定的结构和装饰性，绕于上身与腰部，将钩子连接于腰部。

（二）运动休闲

运动休闲风格的腰带是为运动型、休闲式服装所设计的腰带，以皮革、塑料、帆布等材料制成，有的腰带上有压印的花纹图案，有的腰带上有铜钉装饰，如图 6-16 所示。运动休闲风格的腰带简洁、明快，可以采用对称或不对称设计，尽量少用装饰物，一般于腰前部交叉，显示出轻松、活泼的风格。

图 6-16　运动休闲风格的腰带（图片来源：必应官网）

（三）洒脱冷峻

洒脱冷峻风格的腰带极具个性，造型有流线型或直线型，色彩可以选择金属色或冷艳色，装饰物比较多，如图 6-17 所示。具有洒脱冷峻风格的腰带主要有以下几种。

图 6-17　洒脱冷峻风格的腰带（图片来源：必应官网）

1．臀围腰带

臀围腰带是束于臀围线上而非束于腰部的，有宽有窄，腰带上有许多装饰物，多用于上衣、迷你装等服装。

2．链状腰带

链状腰带是用金属或塑料制成的，通常在腰部使用带钩扣合。

3．流苏花边腰带

流苏花边腰带由绳线编结而成，以多股绳线编结出各式花样。由于其宽窄不定，流苏可以束结，因此可以在其上面缀饰珠子和亮片。

（四）刚毅雄健

刚毅雄健是男式腰带多用的风格。这种风格的腰带以皮革带为主，造型宽大、强硬、厚重，强调力度、粗犷和夸张的手法，采用多条并排、双层及多层重叠和交叉的结构方式，可以添加金属铆钉或其他装饰物，突出阳刚之美和雄健的风格，如图 6-18 所示。这种风格的腰带多用于新潮、前卫的玩偶服装搭配。

图 6-18　刚毅雄健风格的腰带（图片来源：必应官网）

（五）民族古风

在各民族服装的饰品中都有非常优秀的腰带样式，不同的腰带样式突出了各民族文化的典型特征。波斯风格、西班牙风格、波希米亚风格、印度风格等，给予了腰带设计无限的设计灵感，广泛用于玩偶服装的饰品设计中。图 6-19 所示为民族古风风格的腰带。比较常见的民族古风风格的腰带有欧洲紧身胸衣变化而来的腰封、印度腰带，以及日本和服腰带等。印度男、女性佩戴的束衣宽腰带一般采用带用宽幅布制成，有较大的褶子。女用腰带一般由柔软、抽褶织物制成，束在裙子或外套上；男用腰带较宽，在织物前面有褶子，后面较窄，在腰间缠绕数圈后于腰侧或背后打结。日本和服腰带用于和服束腰，通常佩戴在胸部下方，另有一条细腰带系于宽腰带之上，在腰带的后方系成各种漂亮的花形，如樱花、松树、牡丹等，装饰效果比较柔美。

图 6-19　民族古风风格的腰带（图片来源：必应官网）

在设计腰带时，应强调腰带主体部分的设计，如带扣等，以引导人们关注主体。对带扣的造型、色彩、装饰形式、点缀物都可以进行加强设计，以达到最佳效果。此外，平衡是腰带设计中的重要因素。由于腰带处于人体的中心位置，起着分割服饰、调节视觉平衡的作用，因此腰带造型的好与坏直接影响到服装整体的外观效果。平衡有对称平衡和不对称平衡两种。在比较正统、庄重的服装上可以采用对称平衡的设计，但由于过于对称容易使人感到呆板、拘束，因而很多腰带采用不对称的设计，并通过某些设计手法在视觉上达到平衡的效果。

腰带的选材是设计中不可忽视的重要因素，材料的质感、手感、自然纹理、色彩等都是设计中需要考虑的要素。不同质感材料的镶拼、正反皮面的镶拼、宽与窄材料的镶拼均可以产生丰富的变化。同一款式的腰带选用不同材料制作，也可以产生完全不同的外观效果。

色彩设计对于腰带来说同样重要，应根据服装款式与色彩的需要，为腰带配以适当的色彩。腰带的色彩配置以单色、近似色为主，色调要相对统一。由于腰带在整个服装的饰品中所占的面积较小，因此腰带的色彩可以亮丽但不应过于花哨，以免影响整体效果。

五、鞋子、袜子、手套、围巾等

在选择玩偶的鞋子、袜子、手套、围巾等时，主要应从材质、不同穿着对象、造型等方面进行考虑，集中关注它们与玩偶服装风格的协调性，而不需要像设计成人的鞋子、袜子等一样考虑其舒适、透气等方面的实用功能。

鞋子的款式一定要与服装风格一致。如图 6-20 所示，一般玩偶服装的饰品中的鞋子可以分为 4 种。第一排的休闲鞋适合搭配运动、休闲、牛仔等风格的服装；第二排的皮鞋比较中性化，适合搭配个性化、另类风格的服装，有时也适合搭配牛仔、休闲等风格的服装；第三排的高跟鞋是优雅风格的裙服不可或缺的搭配；最下面一排的绣花鞋则是传统风格的服装的最佳伴侣。

（a）休闲鞋

（b）皮鞋

（c）高跟鞋

图 6-20　不同风格的鞋子（图片来源：必应官网）

(d) 绣花鞋

图 6-20　不同风格的鞋子（图片来源：必应官网）（续）

　　在玩偶服装的饰品的整体效果中，袜子也是不容忽视的一个视觉要素。如果玩偶服装比较复杂，那么适合选择单色的袜子，且袜子的花纹应尽量简单、低调，主要起陪衬作用。如果玩偶服装比较简单，那么需要搭配有图案且色彩丰富的袜子，这样比较醒目，对服装起强调、渲染等作用。如图 6-21 所示，袜子与鞋子的颜色要有一定的呼应。在多数情况下，袜子的颜色应浅于鞋子的颜色，不要使之产生对比色。比如，黑袜白鞋或绿袜红鞋都会产生刺目的效果，而肉色丝袜对大多数鞋子都适合。如果服装比较复杂，那么袜子的颜色、花纹应尽量简单。此外，前卫色彩的高筒袜也是少女型着装玩偶的首选，可以突出少女型着装玩偶天真活泼的青春浪漫气息。

图 6-21　袜子与鞋子的搭配（图片来源：必应官网）

　　手套对于玩偶来说是一种能够体现玩偶服装风格的饰品，尤其能够诠释着装玩偶的气质。手套的风格有多种，常见的有用于搭配礼服的长手套，精致的蕾丝短手套，用于搭配运动、休闲等风格服装的针织手套，用于搭配时尚、前卫等风格的皮手套等，如图 6-22 所示。结合卡通形象元素进行设计的手套俏皮、可爱，使用这样的搭配可以增加着装玩偶的时尚感与情趣。

图 6-22 手套的搭配（图片来源：必应官网）

围巾作为点缀，可以与服装形成一定的对比性，如素色衣裙可以选择具有鲜艳色彩和花形的围巾搭配，男士服装可以选择有小花形的围巾作为点缀。如图 6-23 所示，围巾和帽子的结合显得活泼可爱，将卡通元素点缀在围巾中，增添了许多童趣。围巾的穿戴方法多样，以披挂、打结、缠绕等形式为主，也可以借助一些漂亮的饰针将其固定，有时松松散散仿佛随意而就的组合，其实已包含了佩戴者的精巧设计，体现出了美的内涵。

图 6-23　围巾的搭配（图片来源：淘宝官网）

六、花饰品

花饰品是玩偶服装中应用非常广泛的饰品之一。在古今中外的服装艺术史中，花饰品充分展示出艺术、文化、风格和技术的精华与内涵。在我国古代的文学作品与绘画作品中，有很多反映了当时人们在装扮中使用花饰品的情景。例如，《木兰诗》中描写了花木兰"当窗理云鬓，对镜帖花黄"；绘画作品《簪花仕女图》中，再现了唐朝女性以花作为头饰的画面；《陔馀丛考·簪花》中记载了"今俗惟妇女簪花，古人则无有不簪花者"。可见，花饰品在古代是很常见的服装饰品。花饰品在服装中起到了装饰、点缀的作用，而有些特定的服装只有使用特定的花饰品才能形成服装的整体美。使用花饰品装饰的形式，主要有两个方面，一是对服装的修饰，其中部分包含在服装设计的构思当中，如花式服装、服装的局部装饰等；二是独立的花卉装饰，主要为花冠和花环装饰、头花和手捧花束装饰等。本节主要阐述花卉在服装中的运用。

玩偶服装与成人服装一样，常常在晚礼服、节日服装、便装、西装、休闲装等局部使用花卉装饰，应用范围很广，深受广大儿童的喜爱。如图 6-24 所示，花饰品主要装饰于服装的领口、袖口、肩、背、胸、腰、衣边、下摆等部位。花饰品的造型包括单独的大型花朵、小型花朵、一束花，有时辅以叶片与蝴蝶结等。在设计花饰品时，花卉的材料、色彩、造型都应与服装的款式、造型、面料、色彩协调一致，否则就会出现孤立、不自然的情况。

图 6-24 花饰品（图片来源：必应官网）

　　玩偶服装中的花饰品，除了用于装饰头部、颈部等，还有手捧花束的形式。在许多特定的场合中，利用手捧花束的形式可以烘托服装整体和环境气氛，使服装具有特定的情调和意境。手捧花束的设计讲究突出花卉的特征、色彩的组合，以及数量的多少。由于在设计原理中，形式的重复本身就是美，因此同种花卉的重复、色彩的重复、大小的重复等，都能够给手捧花束带来美感。

第四节　玩偶服装的饰品设计与游戏预设

　　爱美是人的天性，儿童却乐于把这种天性充分发挥在玩偶上。根据观察可以发现，儿童特别喜欢用各种饰品打扮玩偶。这是因为玩偶服装饰品的类别特别丰富，儿童在利用不同的饰品进行装扮的过程中，如造型、色彩、材质等方面的搭配，饰品在玩偶及服装上的安置，饰品的组合运用等，可以得到丰富的体验。由此可以看出，饰品可以预设多种游戏活动。

一、饰品设计与艺术活动

　　儿童在玩偶服装饰品的探索中体现得最多的是艺术活动。对于儿童来说，对艺术的"审美与感知""欣赏与发现""创造与表达"是儿童艺术活动的特点。儿童自主感知，自由、积极地探索、体验、操作等是提升艺术修养的有效途径。而儿童利用饰品对玩偶进行装扮的活动，正是这种有效途径的具体体现。装扮的主要内容就是使用各种饰品与玩偶服装进行搭配，而饰品的丰富性能够使儿童在装扮过程中获得丰富的体验。首先，儿童需要对造型、图案进行搭配，如什么款式的帽子、手套、包袋搭配眼前的服装比较合适，披肩怎么围在玩偶身上才比较好看等；其次，儿童在饰品与服装的搭配中还需要对色彩进行考量。儿童的这些装扮行为看起来是简单的游戏，其实是对形式美的体验。为此，儿童对艺术的感知力与表现力会得到潜移默化的熏陶和提升。

　　丰富的饰品是儿童通过玩偶服饰开展艺术活动的前提和保障。可以结合人们日常生活中的服饰穿搭习惯，围绕玩偶服装，设计不同类型的饰品，为儿童的装扮游戏预设丰富的情景和机会。

二、饰品设计与健康活动

　　半成品的饰品设计可以让儿童在 DIY 过程中发展手指的精细动作，有效地锻炼儿童手指肌肉的灵活性和协调性。幼儿园中、大班时期是儿童精细动作发展的关键期，而 DIY 饰品的过程也主要依赖手部的精细动作。例如，可以进行一些半成品饰品的设计，如将未串联成串的珠子穿成串、将未粘贴成型的蝴蝶结粘贴到饰品上、为未装饰的帽子进行装饰等。这些活动对于儿童来说，都是既有趣又有益于身体发展的健康活动。

三、饰品设计与科学活动

科学活动是儿童得到科学教育的主要途径，具有启蒙性。对于儿童来说，科学活动不是参与专门的科学实验，掌握某些具体的科学知识。2001 年颁布的《幼儿园教育指导纲要（试行）》中关于儿童科学领域的指导提出以下 3 条内容："1. 幼儿的科学教育是科学启蒙教育，重在激发幼儿的认识兴趣和探究欲望。2. 要尽量创造条件让幼儿实际参与探究活动，使他们感受科学探究的过程和方法，体验发现的乐趣。3. 科学教育应密切联系幼儿的实际生活进行，利用身边的事物与现象作为科学探究的对象。"儿童在使用各种饰品的过程中，就有许多探索和发现的机会。例如，对饰品大小与长短的比较、对装饰部位上下与内外的空间认知，对形状与色彩的分类等，无不具有科学的启蒙性。

针对儿童对物体的探索与发现需要，在玩偶服装饰品的设计中可以从不同角度预设游戏活动。首先，可以增加饰品大小、长短的变化，如不同长短的手链与项链等；其次，设计适用于不同部位的饰品，如手链、脚链、手套等隐含上、下、左、右等不同方位的饰品；最后，设计不同形状、不同质感的饰品，让儿童开展丰富的科学探索活动。

拓展阅读书目推荐

张嘉秋，《服饰品设计》，中国传媒大学出版社，2012 年 7 月。
亲近母语研究院，《儿童的艺术教育》，接力出版社，2012 年 9 月。

思考与练习

1. 饰品设计需要遵循哪些基本原则？请结合案例进行说明。
2. 饰品设计中可以预设什么类型的游戏活动？请结合案例进行说明。

 本章讲课视频

潮流玩偶服饰设计

第七章　玩偶服饰的色彩设计

导读:

　　本章首先介绍了玩偶服饰的色彩设计概念与特点，其次介绍了 PCCS 色彩体系的色调系列在玩偶服饰的色彩设计中的应用，以及玩偶服饰设计中的色彩学习与借鉴，最后结合儿童的身心发展特点，阐述了在玩偶服饰的色彩设计中预设游戏活动的基本方法。

　　玩偶服饰的色彩设计是一种整体设计。玩偶服饰包括服装与饰品，具体包括上下衣与内外衣、首饰、鞋子、帽子、包袋，以及玩偶肤色、头发颜色等。它们之间除了外形、材料的搭配协调，色彩的和谐，如主与次、多与少、轻与重、冷与暖、浓与淡、鲜与灰等关系也尤为重要。且色彩设计要紧密结合儿童的身心发展特点。

第一节　玩偶服饰的色彩设计概念与特点

一、玩偶服饰的色彩设计概念

　　玩偶服饰的色彩设计涉及的范围非常广。它是以色彩学原理为理论基础，结合色彩的物理学、生理学及儿童发展等知识进行的具有综合性的色彩设计。首先，面料是服饰色彩的载体，在玩偶服饰的色彩设计中应非常注重面料质感与色彩的协调关系；其次，玩偶服饰的色彩设计还涉及造型、款式、饰品，以及玩偶的形象设定、肤色等。此外，针对玩偶服饰，有关儿童生理学、心理学及流行时尚的研究也是不容忽视的。综上所述，玩偶服饰的色彩设计必须注意多学科的交叉融合。它的学习和研究是系统性、综合性的。拓宽知识面，将有助于提升自身在玩偶服饰的色彩设计方面的眼界和实践能力。

二、玩偶服饰的色彩设计特点

服饰可谓是社会的一面镜子，不同民族、时代的衣着面貌是各不相同的。作为服饰中颇具表象特征的色彩，往往也渗透和注入了不同民族的文化背景与时代烙印。玩偶服饰是文化传承的载体，学习和研究这方面的知识，能够帮助人们更深入地理解色彩的表征，因为在玩偶服饰的色彩设计中，这些色彩的表现性对儿童的审美与文化的熏陶都起着不容忽视的作用。

（一）民族性

具有民族风味的玩偶主要靠民族风格的服饰体现其特点，色彩是重要的因素之一。色彩是能代表某个民族精神特征的视觉符号。具有符号性的民族色彩与本民族的自然环境、生存方式、传统习俗，以及特有的民族个性等有关，它是经过长期传播后形成的。例如，因为西班牙人民热情、奔放，所以他们喜欢使用明朗的色彩。北欧阴冷、严酷的自然条件与持续甚久的宗教哲理精神，致使日耳曼人民对玩偶的用色冷峭、苦涩。中华民族几千年历史文化与传统审美的积淀，形成了以红色和黑色为代表的民族色彩，无论是人类早期赤铁矿粉染过的饰品，新石器时期由红、黑两色绘制的彩陶，还是"黑里朱表，朱里黑表"的战国漆器，抑或是流传至今的女红男黑的结婚礼服，都表明中华民族既热情又含蓄的民族特性。

国内不同民族也各自有能够代表本民族特点的色彩。中国地大物博、人口众多。笼统来讲，北方民族因寒季较长，故服装色彩多偏深；南方民族因暖季较长，故服装色彩多偏淡。具体到每个民族，也有着各自的服装色彩风格。例如，维吾尔族属于绿色较少的沙漠民族，他们的室内装饰五彩斑斓，服装用色多采用黄沙中少见的绿、玫红、枣红、黄等浓艳的色彩。其中，玫红色是维吾尔族妇女喜爱的颜色。被誉为"朝霞锦"的艾德莱丝绸，在沙漠、雪地、蓝天的衬托下是那样绚丽夺目，这与维吾尔族人民直爽、开朗、热情的性格是非常吻合的。傣族人民祖祖辈辈生活在气候炎热、植物茂盛、风景秀丽的澜沧江畔，其服饰多以鲜艳、柔和的色彩出现，如淡绿、淡黄、淡粉、玫红、粉橙、浅蓝、浅紫等。这种不同民族的生活条件，尤其是自然条件，使得各民族都持有各自的色彩爱好，从而形成各自独有的民族色彩。

有色彩民族性的玩偶服装，对于儿童来说，具有深远的发展价值与教育意义。儿童可以通过游戏活动，了解不同民族的色彩及其背后的文化，以增进对不同民族的文化认知，促进儿童文化性的发展。

（二）时代性

时代性指在一定历史条件下表现出的一种主体风格、面貌、趋向。时代性体现在服饰、家居装饰、产品等不同的设计领域，玩偶服饰也不例外。在传统服装上能够看到的色彩，可以说是历史发展的见证。例如，在唐朝，由于开拓了丝绸之路，因此织品色彩极为丰富，有朱砂、水红、猩红、鹅黄、杏黄、金黄、土黄、宝蓝、葱绿等。从当时画家张萱的《捣练图》与《虢国夫人游春图》、周昉的《簪花仕女图》来看，当时人们的衣着色彩绚丽而不失典雅，花纹繁复而不失和谐。这与唐朝开放的体制、繁荣的经济，以及广泛吸收外来文化等因素密切相关，丰富、饱满的色彩显示了当时社会的富足和安定。

服饰色彩的时代性深受科技、经济与文化的影响。20世纪70年代，当阿波罗登月计划成功结束时，出于人们对这一计划成功的喜悦，一时间国际上掀起了"银色的太空色"热潮，时髦的西方女性，不仅银色裹身，而且还涂上银色指甲油，银色遍布这一时代。20世纪中期，随着经济的快速发展，人们的环境保护意识逐渐增强，加上对异化消费与激烈竞争的厌倦，追求简单的穿着已是一种流行趋势，人们渴望平静、单纯的生存空间，崇尚朴实无华的衣着。20世纪后期，随着国内改革开放的实施，受欧洲经济与文化输入的影响，国内流行色彩纯度较低的中性化"北欧风"。随着韩国经济的快速发展，一股强劲的"韩流"横扫国内时尚市场，此时国内比较流行欢快、轻松的色彩。从以上这些例子中可以明显看出，色彩的美是运动和发展的，流行色就是时代的产物。作为时间和空间艺术的服饰，其色彩常常成为时代的象征。

玩偶服饰虽说不具有现实穿着功能，但它也反映了社会生活的一个侧面。玩偶服饰的色彩与成人服饰的色彩一样，也具有一定的时代性。以芭比娃娃为例，从它的发展历史中不难发现，它的服饰始终紧跟时代潮流，其色彩就是时代的缩影，如宇宙芭比娃娃、嬉皮士芭比娃娃等。因此，玩偶服饰的色彩设计要紧跟时代的脉搏，只有这样儿童在与玩偶"玩耍"时才可以感知时代的发展和各种文化的特点。

（三）象征性

色彩是一种象征符号，透过表面的色彩，传递着与服饰相关的民族、时代、人物个性等信息。象征性含有极其复杂的意义。早在轩辕黄帝时代，我国就有了"作冕旒、正衣裳、染五彩、表贵贱"的服制，使用不同的色彩显示身份的尊卑、地位的高低。黄色在古代中国被称为正色，既代表中央，又代表大地，被当作最高地位、最高权力的象征。李渊在建立唐朝以后规定，除了皇帝可以穿黄衣，"士庶不得以赤黄为衣"。之后，唐太宗李世民又规定了一至九品的服饰颜色，用以区别官员等级。纵观我国古代社会的服饰色彩，凡具有扩张感、华丽感的纯色调或暖色调都是统治阶级的专属，而平民百姓只能使用有收缩感、寂静的颜色。因此，服饰色彩是一种身份、地位与权力的象征。随着时代的发展，现在虽然不存在通过服饰来划分等级的现象，但是出现了通过服饰来区分职业的现象。一些职业装的色彩往往带有很强的象征性。例如，象征和平使者的邮电通信部门的绿色服装；又如，联合国维持和平部队，也称蓝盔部队，蓝色的贝雷帽一方面象征着联合国国际组织，另一方面"蓝盔"又是和平的象征。即使是相同色彩的服饰，在不同的款式、不同的用途、不同的国度中，其所包含的意义和感情也是完全不同的。例如，白色的婚纱，象征着纯洁的爱情；而白色的医务服，则象征着神圣的职责。

　　服饰色彩是一个民族的象征符号。世界范围内的不同民族，都有象征本民族的色彩。国内不同民族也都有各自的象征色彩。例如，我国西南地区的苗族和瑶族，就是通过女子或男子的服装颜色来体现本族所处的不同支系的，如苗族中的青苗、白苗、黑苗、红苗、花苗等，瑶族中的红瑶、花瑶、白裤瑶等。

　　服饰色彩是特定人物个性的象征符号。以《红楼梦》一书中的主题人物为例，书中人物众多，可谓人各有性、体各有态、衣各有色。"斑竹一枝千滴泪"，构成了林黛玉多愁善感、悲凉凄切的性格和气质，她的衣着清雅，常着白色、月白色、绿色等基色，象征着她纯洁、冷寂、凄苦的身世和命运；柔和、甜美的粉红色，象征着薛宝钗八面玲珑、处世圆熟的性格；王熙凤外貌美艳，衣着五色斑斓，充分体现了她八面玲珑、强势果敢的性格。《红楼梦》一书中像这样的例子可以说是不胜枚举。一般玩偶也是有角色设定的，玩偶服饰的色彩应根据玩偶的性格确定。如图7-1所示，统一的玫红色凸显了芭比娃娃成熟、高贵、典雅的形象气质，符合芭比娃娃一贯的形象设定。而如图7-2所示，贝兹娃娃的形象设定与芭比娃娃不同，它的形象被设定为处在叛逆期的青春少女，主要是为了和经典的芭比娃娃的形象拉开距离，形成差异化市场竞争，为此，贝兹娃娃的服装采用了色相饱和度较高且对比较强的色彩，用以塑造一种张扬、叛逆的青春少女形象。贝兹娃娃身着具有红、黄、蓝三原色的服装，搭配头上一抹亮丽的绿色，整体上充满跳跃性与时尚感，充分体现了其人设。

图 7-1　芭比娃娃（图片来源：必应官网）　　　　图 7-2　贝兹娃娃（图片来源：必应官网）

　　在玩偶服饰的色彩设计中，充分利用色彩的民族性、时代性与象征性，对玩偶角色与性格的设定有直接帮助。在儿童看来，每个玩偶都是有生命与灵魂的伙伴，而服饰色

彩则是体现伙伴角色的重要媒介。此外，具有一定象征性的服饰是儿童开展角色游戏活动的重要材料。因此，在玩偶服饰的色彩设计中，要结合民族性、时代性与象征性，对服饰的色彩进行整体定位，这将有助于后期组织具体的色彩关系，以便达到最终塑造个性化玩偶的目的。

第二节　PCCS 色彩体系的色调系列在玩偶服饰色彩设计中的应用

PCCS 色彩体系是由日本色彩研究所研制并于 1964 年在日本正式公开发行的一套适用于不同设计领域的色彩系统。PCCS 是 Practical Color Co-ordinate System 的缩写。PCCS 色彩体系以色彩组织的科学性、系统性，以及较高的实际应用价值，被日本设计界广泛使用。日本的美术与设计类大专院校的色彩教育课程，以及企业界的色彩教育与色彩计划等，都沿用这个色彩体系。近年来，部分国内设计类院校也逐渐将此色彩体系运用于色彩教育课程中。

一、色调系列的特点

PCCS 色彩体系是以美国的孟谢尔色彩体系、德国的奥斯特瓦德色彩体系为基础进行改良研发的。PCCS 色彩体系的色调系列的特点是将色彩三属性的关系综合成色相，使用色相与色调两个因素来构成色调系列。也就是说，把色彩三属性的三次元的组织关系整理成二次元的简洁关系。从色调的观念出发，平面展示了每个色相的明度关系和纯度关系。根据每个色相在色调系列中的位置，可以明确地分析出色相的明度、纯度的成分含量。在实际应用中，只考虑色调与色相两个因素，不仅便于色彩的组合，而且适合初学者掌握配色方法。

整个色调系列以 24 个色相为主体，分别以纯色系、清色系、暗色系、浊色系等色彩关系构成 9 组不同的基本色调，分别为纯色调、明色调、中明调、中暗调、暗色调、浊色调、明灰调、中灰调、暗灰调。利用 PCCS 基本色调可以组合成各种不同明暗关系的调和色组，也可以组合出各种既有对比效果又比较和谐的对比色组。

PCCS 色彩体系整理得科学又系统，色调系列中的每组色调都具有独特的色彩面貌与意象特征。在一般情况下，色彩设计根据具体的设计定位确定色调，不能孤立地选择某个色相。先借助 PCCS 色彩体系的色调系列，依据不同色彩基调的意象特征，选择适合设计定位的色调，再选择颜色，并调配各个色组的关系。此时，色彩设计变得简便、易行。借助 PCCS 色彩体系的色调系列有利于体现设计理念，并且能够拥有丰富的色彩定位方法，能够帮助设计师摆脱色彩设计方面的习惯与偏爱。

二、色调系列的组织结构

PCCS 色彩体系的色调系列由 24 个色相与 9 组基本色调组成。

（一）24 色相环

PCCS 色彩体系的色相环是以"三原色学说"为理论基础建构的。以红色（R）、黄色（Y）、蓝色（B）为三主色，由红色与黄色产生间色——橙色（O），黄色与蓝色产生间色——绿色（G），蓝色与红色产生间色——紫色（P），组成 6 个色相。在这 6 个色相中，每两个色相又可以分别调出 3 个色相，这样便组成 24 色相环，如图 7-3 所示。

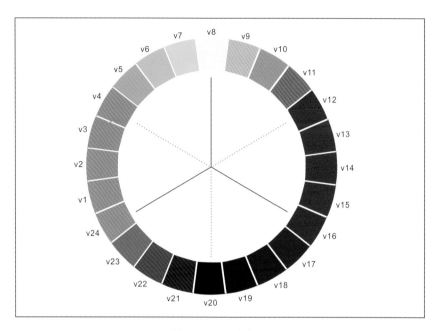

图 7-3　24 色相环

（二）基本色调系列的组织结构

色调系列是以 PCCS 色彩体系为基础发展的。图 7-4 所示为 PCCS 色彩体系的立体构架。把依据色彩三属性的关系组成的具有立体构架的色标分解成 9 组不同明暗关系、纯度关系的色调，这些色调就是 PCCS 色彩体系的色调系列的 9 组基本色调。9 组基本色调展示在同一个平面上，以便比较和选用色彩。图 7-5 所示为基本色调的明度与纯度关系。图 7-6 所示为 PCCS 色彩体系的色调系列中的 9 组基本色调。

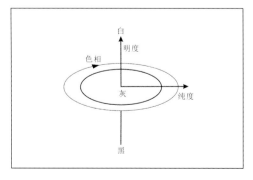

图 7-4　PCCS 色彩体系的立体构架

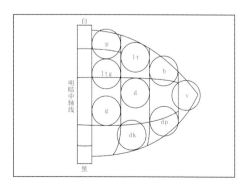

图 7-5　基本色调的明度与纯度关系

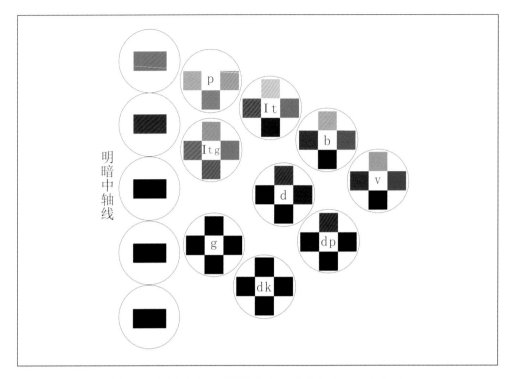

图 7-6　PCCS 色彩体系的色调系列中的 9 组基本色调

　　PCCS 色彩体系的色调系列中的 9 组基本色调是把 24 个色相作为基础与主体，24 个色相均加入相同含量的白色、灰色或黑色，组成富有明确色调特征的清色系、暗色系、浊色系、明色系等 9 组不同明度、纯度的色调，色调与色调之间的关系同色彩三属性的关系的构架是一致的。在图 7-6 中，明暗中轴线由不同明度的色阶组成。最靠近明暗中轴线的色组，是低纯度的 p 色组、Itg 色组、g 色组；远离明暗中轴线的色组，是高纯度的 v 色组；位于明暗中轴线上方的色组，是高明度的清色系 p 色组、It 色组；位于明暗中轴线下方的色组，是低明度的暗色系 g 色组、dp 色组、dk 色组；位于中央地带的色组，是明度、纯度中等的 d 色组。9 组不同明度、不同纯度的色调特征清晰、明朗，且构成每种色组的色相有据可循，便于选择、应用色彩。

　　（1）v 色组：纯色调，由高纯度色相组成，纯度最高。

　　（2）b 色组：中明调，24 色相环颜色均加入少量的白色，明度、纯度都略高。

　　（3）It 色组：明色调，24 色相环颜色均加入大量的白色，明度高，纯度略低。

　　（4）p 色组：明灰调，24 色相环颜色均加入大量的浅灰色，明度高，纯度偏低。

　　（5）Itg 色组：中灰调，24 色相环颜色均加入大量的中灰色，明度中等，纯度偏低。

　　（6）g 色组：暗灰调，24 色相环颜色均加入大量的暗灰色，明度、纯度都低。

　　（7）d 色组：浊色调，24 色相环颜色均加入少量的中灰色，明度、纯度中等。

　　（8）dp 色组：中暗调，24 色相环颜色均加入少量的黑色，明度、纯度都略低。

　　（9）dk 色组：暗色调，24 色相环颜色均加入大量的黑色，明度、纯度都偏低。

　　在 9 组色调中，每个色相都来自 24 色相环。由于各组色调都分别加入了不同含量的黑色、白色，因此每个色相的纯度、明度不同，从而产生不同的色彩表象，进而形成每组色调各自独特的调性特征与色彩表情。

p 色组、Itg 色组、g 色组、dk 色组的色调的意象特征为和谐、秩序、含蓄、雅静。由于加入了灰色或黑色，因此淡化了色相的特性，从而使色调感统一。若能依据色调的意象特征进行配色，则组织比较成功的色彩关系并不困难。

v 色组、p 色组、lt 色组的色相感饱和，冷暖色对比强烈，有明显的兴奋感或冷静感。

（三）色调系列的表示方法

色调系列的名称由英文字母和阿拉伯数字组成，英文字母表示色调名称，阿拉伯数字表示色相环上色相的位置。例如，b2 中的 b 指中明调，2 指色相环中的 2 号色相——红色。又如，Itg18 中的 Itg 指中灰调，18 指色相环中的 18 号色相——蓝色。当你在作品上这样标明后，观看者对照图 7-6 所示的色调，就可以很清楚地知道使用的是哪种色标。

三、色调系列在玩偶服饰色彩设计中的应用

这里主要介绍 PCCS 色彩体系中基本色调、色相主色调、多组对应色调组合、多组近似色调组合的应用。在分析配色组织关系时，结合玩偶服饰设计实例加以说明，学生在了解色彩基础理论的同时，也能主动将理论运用于玩偶服饰的色彩设计之中。

根据 PCCS 色彩体系及基本色调的特点可知，配色时可以分为以下两个步骤。

第一步，根据玩偶服饰设计的主题，在 9 组色调中选择适合表现主题的一组色调。

第二步，先确定色调，再选择色调中面积最大的主色相、面积次之的次色相与其他色相。如图 7-7 所示，任何一个色相均可以成为主色相，均可以与其他颜色组成同类色关系、邻近色关系、对比色关系、互补色关系，不同的对比关系可以产生不同的意象特征。

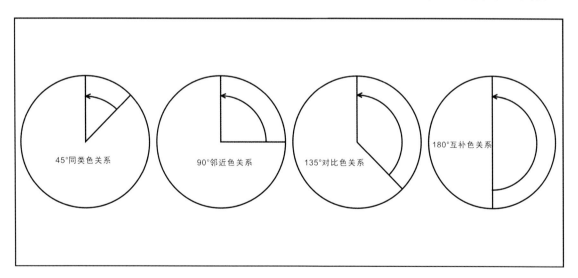

图 7-7 色相环中色相的 4 种对比关系

同类色关系：色相环中相距 45°或者彼此相隔两三个数位的两种颜色，为同类色关系，属于弱对比效果的色组。同类色关系的色相主色调十分明确，是极为单纯的色调。另外，纯度较高的色调，虽然每个色相的饱和度都较高，但同类色关系决定了它们在色

相环中的位置非常近，颜色也很相似。因此，可以使用邻近色关系的颜色搭配，如纯色调、中明调及明色调等。

邻近色关系：色相环中相距90°或者彼此相隔五六个数位的两种颜色，为邻近色关系，属于中对比效果的色组。领近色关系的色相之间的色彩倾向近似，冷色组或暖色组比较明显，色调统一和谐，感情特性一致。另外，纯度较高的色调，虽然每个色相的饱和度都较高，但邻近色关系决定了它们在色相环中的位置接近，颜色相近。因此，可以使用邻近色关系的颜色搭配，如中明调、明色调及中暗调等。

对比色关系：色相环中相距135°或者彼此相隔八九个数位的两种颜色，为对比色关系，属于中强对比效果的色组。对比色关系的色相感仍鲜明，各色相互相排斥。在配色时，可以通过处理主色与次主色的关系调和色组，也可以通过色相之间秩序排列的方式求得统一、和谐的色彩效果。另外，纯度较低的色调，因为每个色相的饱和度都很低，所以可以使用互补色关系的颜色搭配，如明灰调、中灰调及浊色调等，这样能够产生既对比又和谐的美感。

互补色关系：在24色相环中彼此相隔十二个数位或者相距180°的两种颜色，为互补色关系，属于强对比效果的色组，富于刺激性和不安定性，有极强的视觉冲击力和热烈感。如果配合不当，那么容易产生生硬、浮夸等效果。因此，要通过处理主色与次主色的面积大小或者分散形态的方法来调节、缓和过于激烈的效果。另外，纯度较低的色调也可以使用对比色关系的颜色搭配。

（一）基本色调的应用

1. 华丽的纯色调 v

由于纯色调由高纯度色相组成，每个色相个性鲜明，因此其色彩效果鲜艳、华美。浓烈、鲜艳的色彩意味着年轻、热情、充满活力与朝气。少数民族服饰喜用高纯度色相、有互补关系组织的色彩；非洲原始部族的饰品、艺术品中，也有大量应用高纯度色相的例子，其不仅传达了一种生机、热情、野性、粗犷的意向，而且蕴含着一定的原始韵味。在玩偶服饰的色彩设计中，以高纯度色相为主色调是一种大胆的行为。若处理得好则形象突出、醒目，且有吸引力与注目性；反之，若处理不当则容易产生浮夸、土气之感。组成纯色调的主色与次主色宜采用近似色或邻近色关系的颜色，这样才能产生既华丽又和谐的效果。图7-8所示为纯色调的玩偶服饰系列设计作品，红色是主色，与作为次主色的橙色是同类色关系，穿插少量的作为互补色与对比色关系的绿色和蓝色，使整体色彩效果既华丽又不失和谐，具有活泼、跃动、热烈的意象，充分体现了马戏团、节假日等情景的欢乐气氛。

2. 清新的中明调 b

由于中明调的所有色相均加入了白色，提高了明度，因此其色彩刺激感略次于纯色调，趋于清亮，有清新、明朗的色调意象。中明调的色相虽然降低了一点饱和度，但仍然比较鲜艳。因此，组成中明调的主色与次主色宜选用邻近色或同类色关系的颜色。图7-9所示为中明调的玩偶服饰系列设计作品，红橙色是主色，与作为次主色的橙色是同类色关系，搭配少量作为互补色关系的绿色，色彩虽明亮、鲜艳但不失和谐，特别是少量白色、浅灰色与深灰色的运用，使整体色彩效果更加沉稳。清新的中明调与动感十足的服饰造型配合，体现出了一种青春时尚、朝气蓬勃的精神面貌。

图 7-8　玩偶服饰系列设计《马戏团》

设计者：浙江师范大学儿童发展与教育学院动画专业（动漫衍生设计方向）2018 级徐佳慧

图 7-9　玩偶服饰系列设计《橙》

设计者：浙江师范大学儿童发展与教育学院动画专业（动漫衍生设计方向）2018 级魏靖泰

3．明净的明色调 lt

因为明色调的所有色相均加入了大量的白色，所以其色彩明度提高了很多，色相感也由此减弱，形成了带粉色的明亮调子。明色调温和、明净、轻快，略带女性的脂粉味。由于明色调中的色相的饱和度降低了很多，因此其色相之间宜采用互补色、邻近色或同类色等关系。明色调中以暖色系为主的色彩有甜美、风雅之味，好似少女般的清纯、娇嫩、楚楚动人；明色调中以冷色系为主的色彩则显得清亮、爽快、洁净、明澈，传达着梦幻般的浪漫气氛。图 7-10 所示为明色调的玩偶服饰系列设计作品，虽然主色与次主色之间是互补色关系，但是整体色彩关系比较和谐，给人透明、清丽的青春少女之感。

图 7-10　玩偶服饰系列设计《甜甜圈》

设计者：浙江师范大学儿童发展与教育学院动画专业（动漫衍生设计方向）2018 级廖紫岑

4．高雅的明灰调 p

因为明灰调的所有色相均加入了大量的浅灰色，所以其色彩明度提高了很多，形成了高明度的灰调子。由于其色相感被浅灰色冲淡，即使是互补色关系的色彩对比，也丧失了锐气与对峙效果，因此其在选择色相关系时自由度比较大，无论选择什么关系，都非常和谐。在玩偶服饰设计中，选择色彩的关键不在于是否权衡色相之间的对比关系，而在于如何利用整体色调所蕴含的意象特征去展示服饰本身的魅力。明灰调以极为平静的方式，蕴含着令人信服的高雅与恬静，似雾霾时的朦胧景色，似清晨破晓时的弥漫曦光。图 7-11 所示为明灰调的玩偶服饰系列设计作品，既呈现出一种清淡、柔弱、素雅的意象，又有轻飘、柔美、随和、淡泊的感觉，轻装素裹、淡雅文静，很好地表现了朦胧的雨雾画面。

5．朴实的中灰调 ltg

因为中灰调的所有色相均加入了大量的中灰色，所以其色彩纯度降低，色相感淡薄，是一组中等明度的含灰色调，虽略带几分消沉与黯淡之感，却有着朴实、含蓄、沉着的特色，与中明调的清新、朝气形成相反的意象。由于中灰调中的每个色相的饱和度比较低，因此其适宜选用互补色、对比色等关系比较强的色相组成色调。图 7-12 所示为中灰调的玩偶服饰系列设计作品，选用了中灰的蓝色作为画面的主色调，体现出浩瀚的海洋中那令人沉醉的蓝色画面。服饰中穿插了少量的白色，使整体色调在统一中又有对比，既沉静又不显沉闷。

图 7-11　玩偶服饰系列设计《雨迹》

设计者：浙江师范大学儿童发展与教育学院动画专业（动漫衍生设计方向）2014 级郑心安

图 7-12　玩偶服饰系列设计《大海》

设计者：浙江师范大学儿童发展与教育学院动画专业（动漫衍生设计方向）2014 级贾薇颖

6．浑厚的暗灰调 g

因为暗灰调的所有色相均加入了大量的暗灰色，明度与纯度都很低，所以其色相感呈低弱的灰暗色。这组色调给人沉静、浑厚、古雅、质朴之感，比较富有内涵，适合表达怀旧、传统文化等主题。在选用色相时，适宜选用互补色、对比色等对比关系比较强的色相组成色调。暗灰调可以与明度和纯度较高的色调组合运用，以增加整体色彩的对比关系。如图 7-13 所示，主色调是暗灰的黄褐色调，期间少量点缀了反映新疆服饰特色的色相比较饱和的浊色调，整体色调低沉而不失生机、古朴而不失现代感，较好地表现了西域高原的自然特色。

图 7-13　玩偶服饰系列设计《西域高原》

设计者：浙江师范大学儿童发展与教育学院动画专业（动漫衍生设计方向）2019 级裘孙磊

7．中庸的浊色调 d

因为浊色调的所有色相均加入了少量的中灰色，所以其明度与纯度都居于中间位置，是一组既有明显色彩个性又易于调和的色调。浊色调既不像纯色调、明色调的色彩那么鲜丽、明亮，又不像中灰调、暗灰调的色彩那么含蓄、灰暗。由于它自成一格，是一组不偏不倚、中庸、悠闲的灰浊中间色调，因此在配色时可以从各种对比关系中去求得不同的效果。若想色彩对比强烈，则可以选择对比色、互补色关系的色相；若想色彩对比柔和，则可从同类色、邻近色关系中选择色相组成色调，以获得和谐、安稳的效果。图 7-14 所示为浊色调的玩偶服饰系列设计作品，主色是红色，选用与之成邻近色、同类色关系的黄色、橙色作为次主色，整体色彩华美而不觉浮夸，颇有闲情逸致之感。

图 7-14　玩偶服饰系列设计《西域印象》

设计者：浙江师范大学儿童发展与教育学院动画专业（动漫衍生设计方向）2018 级来书吟

8. 稳重的中暗调 dp

因为中暗调的所有色相均加入了少量的黑色，所以其色彩在保持色相原有冷暖个性的基础上，又统一罩上了一层略深的调子，既稳重、理智、严谨、珍贵，又有一种孤傲、倔强、保守的意象。中暗调在选用色相时，与暗灰调相似，适宜选用对比关系比较强的色相组成色调，如互补色、对比色等关系。中暗调可以与明度和纯度较高的色调组合运用，以增加整体色彩的对比关系。图 7-15 所示为中暗调的玩偶服饰系列设计作品，主色调是中等明度的暗褐色调，穿插了明度略高的浊色调，又少量点缀了明色调的蓝色花朵，整体色调沉稳、平静、朴实而不失优雅。

9. 深沉的暗色调 dk

暗色调中的所有色相均加入了大量的黑色，只能隐约看见各色的外貌。暗色调不仅有深沉、坚实、庄重、神秘的气质，而且有高贵、敏锐、威严的精神，显示出一种高深莫测、个性鲜明的气质。纯粹的暗色调不适合在玩偶服饰中使用，为了缓解暗色调的沉闷与老成，在色调中可以点缀少量明亮的颜色，图 7-16 所示为暗色调的玩偶服饰系列设计作品，在暗蓝色调的基础上加入了少量的黄色与红色，使服饰在神秘、沉稳的基础上增添了些许活泼、时尚之感。

图 7-15　玩偶服饰系列设计《朝开夕落》

设计者：浙江师范大学儿童发展与教育学院动画专业（动漫衍生设计方向）2018 级华馨雅

图 7-16　玩偶服饰系列设计《侠客》

设计者：浙江师范大学儿童发展与教育学院动画专业（动漫衍生设计方向）2019 级王程赫

（二）色相主色调的应用

色相主色调主要指以作品中占绝大多数的某一色相的名称命名的色调。以色相名称命名的色调比较常见的有黄色调、橙色调、红色调等。主色调以各个色相不同的性格和表现力为特征，以某个色相为主，起统调作用，故又称某色调。

1. 黄色调

在可见光谱中，由于红、橙、黄、绿、蓝、紫各色光的波长有长短之分，因此其呈现不同的明暗关系。黄色光的波长居于可见光谱的中间位置，在所有色调中，黄色调是明度最高且最富有前进感和扩张性的色彩。特别是在黄色调与黑色调进行对比时，黄色调会因明度对比悬殊而显得更有积极性。黄色调总是让人感到光明与充满希望。印象派画家梵高酷爱用黄色调表现作品，如《向日葵》《自画像》等作品，因为热情、明亮的黄色调与他内心狂热且自我表现欲较强的个性相吻合。黄色调的玩偶服饰具有注目性高、明朗轻快的视觉效果。图 7-17 所示为黄色调的玩偶服饰系列设计作品，充分体现了黄色调清澈明净、自信乐观的特色。

图 7-17 玩偶服饰系列设计《晴天》

设计者：浙江师范大学儿童发展与教育学院动画专业（动漫衍生设计方向）2016 级刘婷

黄色调的不足之处是，色彩的明视度高而显得软弱，容易受其他色相左右。例如，小面积黄色在白色背景上由于明暗度接近而缺乏神采、柔弱无力。另外，黄色调在与蓝色调进行对比时，会由于近似色关系而相互竞争，排斥性强。因此，玩偶服饰设计中，在以黄色调作为主色调时要注意扬长避短。

2．橙色调

在可见光谱中，橙色光位于红色光与黄色光之间，其色彩调性也居于二者之间，既温暖又光明，是刺激性较强的艳丽色相。因为其在空气中的穿透力极强，注目性也非常高，所以被作为信号色，表示警戒。救生艇、救生衣、救生标识等均大量使用橙色或荧光橘红色。当橙色调加入大量的白色，成为清色系的淡橙色调时，其色调趋向雅致、柔润，有少女般的甜美。当橙色调加入少量的黑色时，会成为暗橙红色，其与橙色调对比，共同产生沉着、安定、严谨、稳重的色彩效果。

使用纯度较高的橙色调容易使人感到视觉疲劳。对于儿童来说，使用纯度较高的橙色调，视力健康会受到一定的影响，因此在玩偶服饰设计中要合理运用橙色调。清色系的淡橙色调既有橙色调温馨、明亮的感觉，又比较柔和，适合作为玩偶服饰的主色调。当纯度较高的橙色调作为主色调时，中间最好穿插一些其他色调。图7-18所示为橙色调的玩偶服饰系列设计作品，其中较高纯度的橙色和中明调的橙色与邻近色关系的黄色组合运用，降低了橙色调的显目度，增加了整体色调的柔和感，给人愉快、温馨、爽朗、热情的感觉。

图 7-18　玩偶服饰系列设计《篝火晚会》

设计者：浙江师范大学儿童发展与教育学院动画专业（动漫衍生设计方向）2017级杜佩佩

3．红色调

在可见光谱中，虽然红色光的明度比黄色光低，但是红色光是纯度最高的色彩。从传统文化角度来看，红色代表着喜庆、吉利，象征着幸福。红色调的感情效应极强，极富刺激性，是一种热烈、旺盛、充满活力且积极向上的色调。在玩偶服饰设计中使用红色调时，要处理好色彩的协调性。如图 7-19 所示，当在红色调中加入少量的橙色与黑色时，色块对比强烈而和谐，作品能够产生活泼、生动的色彩造型效果。

图 7-19　玩偶服饰系列设计《火》

设计者：浙江师范大学儿童发展与教育学院动画专业（动漫衍生设计方向）2017 级王昊天

4. 紫色调

在可见光谱中，紫色光位于边缘处，与黄色光相反，是明视度最低的色彩。其注目性弱，属于中性色之一。紫色调的稳定性较差。如图 7-20 所示，因为左图蓝色所占比重稍大，所以形成蓝紫色；因为中图红色所占比重略大，所以形成红紫色；因为右图红色所占比重较大，所以形成偏紫色的红色。由此可见，紫色调是易变性的色彩。

在传统服饰的运用中，紫色调的符号性较强，被认为是比较高贵的色彩。在封建社会中，只有五品以上的高官才能穿着紫袍，只有高僧才能穿着紫色袈裟，只有贵夫人才能穿着紫色服饰，故穿着紫色服饰能够给人尊贵、高雅的心理暗示。紫色调在用于玩偶服饰时，宜用加入白色的明紫色作为主色，清雅、柔和、美丽，带有幻想、浪漫的感觉，适合儿童的心理特点。紫色调是比较受儿童欢迎的色调。

图 7-20　玩偶服饰系列设计《洋葱》

设计者：浙江师范大学儿童发展与教育学院动画专业（动漫衍生设计方向）2018 级黄凯

5. 蓝色调

蓝色光在可见光谱中的紫色光附近，是一种明视度较低的色彩。蓝色让人联想到天空、海洋、湖泊、远山，有着开阔深远的境界。不同明度与纯度的蓝色，体现出的情感特点也各不相同。暗蓝色有简朴、深沉的调性，如少数民族的蓝印花布、中国传统的青鞋布袜等。略带白色的青蓝色、天蓝色等，则传达出舒畅、明净的意象。淡蓝色能够给人飘逸、柔和、宁静、高洁之感。总之，蓝色调给人以沉静、平和的色彩意象。

蓝色调在用于玩偶服饰时，需要根据色相的深浅灵活运用。在运用高明度的蓝色作为主色调时，整体色彩明亮，但色调中穿插一些明度稍低的颜色，增加一点对比度，效果会更好。在运用低明度的蓝色作为主色调时，为了避免色调过于暗沉，可以搭配少量的浅色，以增加轻松感。如图 7-21 所示，玩偶服饰中加入了少量浅色的蓝色调，给人沉稳又不失灵动之感。

6. 绿色调

在可见光谱中，绿色光居于黄色光和蓝色光中间。人眼对绿色光的分辨能力很强，但对其心理反应却非常平静，主要是因为绿色能够使人联想到森林、草原及郁郁葱葱的青山。因此，绿色调给人平静、安宁、轻松之感。绿色的可变性非常强，稍微添加一些其他颜色就会变成一种新的颜色。例如，当绿色调加入黄色较多时，会变为黄绿色、嫩绿色，犹如春天植物发芽时展现的"新绿"，清纯、细嫩、欣欣向荣；当绿色调加入蓝色较多时，会变为蓝绿色，好似青翠的松柏；当绿色调加入少许淡灰色时，便会给人稳重、亲和之感；当绿色调加入灰色形成绿灰色时，便会显得古雅、高尚。

绿色调在用于玩偶服饰中时，会有丰富的选择性。根据明度、纯度和倾向等属性的不同，绿色可以延伸出很多颜色，且通过不同的色彩搭配，基本上都能够设计出适合儿童身心发展特点的颜色。如图 7-22 所示，玩偶服饰中采用了两种不同明度与纯度的绿色，表现出一股浓郁的青春活力与朝气。

图 7-21 玩偶服饰系列设计《冰雪消融》

设计者：浙江师范大学儿童发展与教育学院动画专业（动漫衍生设计方向）2019 级陶宇轩

图 7-22 玩偶服饰系列设计《仙人掌》

设计者：浙江师范大学儿童发展与教育学院动画专业（动漫衍生设计方向）2017 级许文宇

7．黑、白色调

黑、白二色虽非彩色，却有着独特的意向特点。黑色调不仅有庄严、权威等积极的一面，而且有悲哀、忧伤等消极的一面。白色调，有着高洁、清纯、高贵、明晰、纯粹、透明等意象。黑色与白色在进行组合时，有干练、敏锐、精巧与时尚等效果。图 7-23 所示为黑、白色调的玩偶服饰系列设计作品，主要运用黑、白、灰的色块组合，因为有灰色的调和作用，所以作品既有强烈的明暗对比效果，又层次丰富，整体色调清爽、明朗。

图 7-23　玩偶服饰系列设计《金镶玉》

设计者：浙江师范大学儿童发展与教育学院动画专业（动漫衍生设计方向）2019 级廖伟斌

（三）多组对应色调组合的应用

在 PCCS 色彩体系的色调系列中，单一的一组色调固然有其独特的个性与表现效果，但往往在使用过程中会显得层次不够丰富，若加入另外一到两组反差较大的色调，使色调之间相辅相成，互相映衬，色彩层次会更丰富，色彩意象特点会更突出。例如，在暗灰调中，因为所有色相均加入了黑色，所以色彩的明度和纯度都较低，如果不加入少许明度和纯度较高的色调，如中明调、明灰调等，那么整体色调会显得低沉、消极。根据明度与纯度的反差，对应色调可以分成很多组，如明色调与暗色调、中明调与中暗调、纯色调与暗灰调等。两组以上的色调在组合应用时，一定要有主次关系，也就是说，要以其中一组色调为主，在玩偶服饰设计中，其所占的面积比其他色调所占的面积大，起统调作用。因此，在配色中，应着重把握主色调与对应色调的用色面积，做到主次分明，布局和谐。

1. 明色调 lt 与暗色调 dk 的组合配色

明色调属于明度高的清色系色调，而暗色调则属于明度偏低的暗色系色调，两组色调的组合配色，主要是为了强调明暗对比关系。明度高的色彩具有前进、突出的效果；而明度低的色彩则具有后退、内隐的倾向。两组色调在并置时，会形成一定的前后空间层次，明暗对比较强。因此，这类色调组合具有清晰、果断等色彩意象。

明色调与暗色调在组合应用时，可以互为主辅色调。如图 7-24 所示，左图中明色调色彩所占的面积较大，配以少量的暗色调色彩，整体上呈现色彩明快的明色调，给人明快、清朗之感；右图中暗色调色彩所占的面积较大，配以少量的明色调色彩，给人静中有动的视觉感受，但整体上仍呈现色彩肃穆的暗色调，给人沉稳、内敛的心理感受。

图 7-24　明色调 lt 与暗色调 dk 的组合配色

设计者：浙江师范大学儿童发展与教育学院动画专业（动漫衍生设计方向）
2019 级黄雯洁

2. 明灰调 p 与暗灰调 g 的组合配色

明灰调是明度高的灰色调，暗灰调是明度低的灰色调，由于统一的灰色调是二者的共性特征，因此每个色相含灰量大，色彩感低，组合在一起互不相争，非常和谐。明灰调与暗灰调在组合应用时，既有较强烈的明暗对比效果，又非常和谐，整体上具有清爽、典雅、淡泊的特点，适用于表现怀旧、休闲、古雅等主题的玩偶服饰。

在玩偶服饰设计中，当明灰调与暗灰调互为主辅色调时，色彩表现出的意向特点各不相同。当以明灰调为主色调时，色彩整体上表现出高雅、柔美的效果。如图 7-25 所示，左图大面积的浅黄色、浅绿色构成明灰调，而抹胸、腰带及裙摆等部位使用暗灰调的绿色，为玩偶塑造了一种高雅、柔美的气质；右图以暗灰调为主色调，色彩整体上表现出含蓄、稳定的色彩意向。

3. 纯色调 v 与明灰调 p 的组合配色

纯色调与明灰调的组合，是体现纯色相与灰色相对比的色彩组织。纯色相个性鲜明，

图 7-25　明灰调 p 与暗灰调 g 的组合配色

设计者：浙江师范大学儿童发展与教育学院动画专业（动漫衍生设计方向）

2019 级胡乐乐

而明亮、柔和的灰色相从中起到冲淡、调解的作用，减弱了色相之间的对峙现象，从而获得既活泼、鲜丽、清亮、突出又具有安定感的色彩意向。

在玩偶服饰设计中，选择纯色调与明灰调组合时，纯色调所占的面积宜小不宜大。如图 7-26 所示，左图以大面积简洁、明静的灰蓝色形成风衣主色调，与小面积纯色调的紫色裤子形成一纯一灰的色彩对比，效果强烈又不失和谐；右图以明亮的浅灰绿色搭配纯色调的橘色裤子，设计用色与左图相似，但因为两组色调所占的面积差别不大，所以整体上对比效果更强。又因为两个色调选择的邻近色关系，所以虽对比强烈但不失和谐感。

图 7-26　纯色调 v 与明灰调 p 的组合配色

设计者：浙江师范大学儿童发展与教育学院动画专业（动漫衍生设计方向）2018 级陆单丹

4．纯色调 v 与浊色调 d 的组合配色

浊色调是既有明确色彩相貌又略带灰浊味的中性色调，与纯色调组合，既有热烈、冲动的色彩对比效果，具有较高的视觉冲击力，又不失沉稳、和谐，这是因为略带灰浊味的色调降低了纯色调的热度。在玩偶服饰设计中，选择纯色调与浊色调组合时，由于彼此色相感过强，因此必须十分注重主色调的把握。为了达到沉稳、和谐的配色效果，纯色调所占的面积宜小、所处的位置宜分散。在两组色调互为主辅色调时，两组色调都具有鲜浊色彩相互辉映、层次丰富、色感怡人的效果，但整体上还是略有差别。如图 7-27 所示，左图中的浊色调所占的面积较大，与几种纯色调组合；右图中的纯色调所占的面积较大，浊色调所占的面积较小。左图服饰与右图服饰相比，左图服饰显得更加沉稳；而左图服饰的色彩与右图服饰的色彩相比，右图服饰的色彩显得更加浓烈。

图 7-27 纯色调 v 与浊色调 d 的组合配色

设计者：浙江师范大学儿童发展与教育学院动画专业（动漫衍生设计方向）2018 级徐佳慧

5．纯色调 v 与暗色调 dk 的组合配色

暗色调的明度与纯度虽然都偏低，但是不带灰浊味，虽深沉但有一定的色彩感。暗色调在与纯色调组合时，一纯一深，能够呈现华丽辉煌且深沉稳重的双重意象。首先，组合后的色彩可以起到取长补短的作用。纯色调浓艳张扬有余而沉稳不足，需要加入调和的成分，而沉稳的暗色调刚好可以担当此任。其次，纯色调在与暗色调组合时，可以起到画龙点睛的作用。如图 7-28 所示，服饰中使用暗色调，过于低沉，整体视觉效果显得老气、压抑与消极，如果服饰中搭配少量的纯色调，那么服饰顿时会给人明亮且充满生机之感。

117

图 7-28　纯色调 v 与暗色调 dk 的组合配色

设计者：浙江师范大学儿童发展与教育学院动画专业
（动漫衍生设计方向）2018 级徐佳慧

图 7-29　纯色调 v 与黑、白色调的组合配色

设计者：浙江师范大学儿童发展与教育学院动画专业
（动漫衍生设计方向）2018 级漆胜超

6．纯色调 v 与黑、白色调的组合配色

黑色和白色只有明暗关系，可以说是极限、单纯的颜色。其显著特点是可塑性大，黑色和白色在与其他任何色调组合时，不仅能够起到衬托、辅助的积极作用，而且其本身的魅力也能充分显示出来。冷抽象艺术大师蒙德里安就是善于应用纯色调与黑、白色调对比的典范。他认为，红、蓝、黄三原色是色彩中最原始、最鲜明的色相。在黑色和白色的辅助下，其他色相的色彩感能够充分表达，且色彩对比效果更强烈，整体上给人利落、洒脱与神气之感。如图 7-29 所示，黑色和白色与红色和绿色的组合，给人非常强的视觉冲击力。因此，选择纯色调与黑、白色调的组合，既有较高的自由度，又不会担心色彩是否协调的问题。

（四）多组近似色调组合的应用

近似色调指色调与色调之间有相同色彩特征的色调。近似色调的组合配色建立在统一、和谐的基础上，与寻求某种差异效果的对应色调组合配色相比，近似色调组合是为了寻求和谐、丰富关系的配色手法。近似色调具有相同类型、和谐的色彩关系，色调之间只存在某些细小的差别。如明色调与明灰调，都是以高明度色相为基础特点的，只不过一组是清色系色调，另一组是灰色系色调，略有差别。由于近似色调的色调相似，因此在服饰设计中，选择多组近似色调组合应用时，不必考虑色调的面积对比。

1．明色调 lt 与明灰调 p 的组合配色

明色调与明灰调均位于高明度区域，由于其属于弱对比关系，因此均有清淡、柔美的调性特色。如图 7-30 所示，服饰中由于被大量的淡灰色冲淡，因此明灰调色彩感减弱，缺乏神采。当明灰调与具有一定色彩感的明色调组合应用时，色组立即有了神采，有清爽、靓丽之感。

图 7-30　明色调 lt 与明灰调 p 的组合配色

设计者：浙江师范大学儿童发展与教育学院动画专业（动漫衍生设计方向）2018 级刘笑辰

2. 暗色调 dk 与暗灰调 g 的组合配色

暗色调与暗灰调均属于暗色系色调，明度低，色彩感弱，属于弱对比关系。在配色时，可以利用其深暗、灰暗的调性特征，表现古雅、含蓄的意境。由于暗色调与暗灰调都是暗色系色调，所以在色相选择中，少不了要选择一到两个色相环上明亮的颜色，如黄色、橙色等，即使这些颜色是暗色调或暗灰调，但和其他暗色调与暗灰调搭配在一起时，也增加了明度的对比，可以有效地改善作品沉闷、幽暗的感觉。图 7-31 所示为暗色调与暗灰调的组合配色，为了缓解画面的沉闷，服饰中加入了暗色调的黄色，使作品有了明度上的对比，使幽暗的冷色调顿时有了精气神。

3. 纯色调 v 与中明调 b 或明色调 lt 的组合配色

纯色调与清色系中的中明调或明色调的组合，可以给人非常阳光、积极、爽朗的视觉感受。纯色调比较浓艳，但因为中明调含有白色，可以消解纯色调的张扬，所以两组色调在组合应用时，既华美又不失和谐，有一种朝气向上、青春欢乐、清新风雅的气息。

纯色调、中明调、明色调都属于色相感强的配色，在组合应用时要注意色彩主色与次色的关系，让色彩主色居于统调地位。如图 7-32 所示，左图属于冷色调，纯色调的紫色和中明调的紫色居于统调作用，既有色相的对比又有明度关系的对比，整体色彩轻快、迷人；右图属于暖色调，中明调的黄色与纯色调的橙色起统调作用，与少量的蓝色组合搭配，都是近似色关系，在组合应用后，整体色调虽对比强烈但非常协调，展示出一种开朗、明亮的色彩意向。

图 7-31　暗色调 dk 与暗灰调 g 的组合配色　　图 7-32　纯色调 v 与中明调 b 或明色调 lt 的组合配色

设计者：浙江师范大学儿童发展与教育学院动画专业　　　设计者：浙江师范大学儿童发展与教育学院动画专业

（动漫衍生设计方向）2018 级魏靖泰　　　　　　（动漫衍生设计方向）2018 级漆胜超

4．纯色调 v 与中暗调 dp 或暗色调 dk 的组合配色

　　纯色调给人华丽而喧闹的感觉，在配合不当时易产生杂乱、不谐调的效果，而中暗调或暗色调的色彩与之组合，则能够起到调和作用。稳重、坚实的中暗调或暗色调能够缓解高纯度色相的躁动与浮夸，使纯色调既趋于安定又不失艳丽的色彩特征，是一种带有理智的激情，热烈而稳重。玩偶服饰设计中，在控制好所占面积的前提下，纯色调与中暗调或暗色调可以互为主辅色调。如图 7-33 所示，左图的暗色调所占的面积较大，搭配少量的纯色调，整体虽呈现暗色调，但不失活泼与神采；右图的纯色调所占的面积较大，搭配少量的暗色调，整体热烈而不失稳重。

图 7-33 纯色调 v 与中暗调 dp 或暗色调 dk 的组合配色

设计者：浙江师范大学儿童发展与教育学院动画专业（动漫衍生设计方向）2018 级华馨雅

5．明灰调 p 与中灰调 ltg 的组合配色

明灰调与中灰调的色彩感淡薄，是极为谐调稳定、文静平和的色调。这组色调适合表现典雅柔美、含蓄温和的服饰，给人温文尔雅、圆熟大度、超脱飘然之感，不会给人娇媚造作之感。如图 7-34 所示，明灰调与中灰调可以互为主辅色调。由于两组色调的纯度都偏低，因此在组合应用时二者的自由度均较高，在色调所占的面积的处理上没有什么局限。

图 7-34 明灰调 p 与中灰调 ltg 的组合配色

设计者：浙江师范大学儿童发展与教育学院动画专业（动漫衍生设计方向）2018 级魏靖泰

6. 中灰调 ltg 与暗灰调 g 的组合配色

中灰调与暗灰调均以灰、暗为特点，色彩感都很弱，明度也都偏暗，明暗关系相近。在玩偶服饰设计中对两组色调组合应用时，常给人朴实、庄重、安详、沉静之感，展现出充满古典含蓄、雅致质朴的风格。中灰调与暗灰调可以互为主色调。由于两组色调的纯度都很低，因此在组合应用时，两组色调在所占的面积的处理上有较高的自由度。只是在色相选择上，最好选择一到两种在色相环上比较亮的颜色，以弥补中灰调与暗灰调的昏沉与灰暗。图 7-35 所示为中灰调与暗灰调的组合配色，少量中灰调的黄色与红色提高了整体色调的对比度，有画龙点睛之妙。

图 7-35　中灰调 ltg 与暗灰调 g 的组合配色

设计者：浙江师范大学儿童发展与教育学院动画专业（动漫衍生设计方向）2018 级来书吟

7. 明灰调 p 与浊色调 d 的组合配色

明灰调与浊色调既有明度对比，又有纯度对比。在玩偶服饰设计中对明灰调与浊色调组合应用时，由于两组色调都不过分鲜艳，因此在色相选择及色调所占的面积大小设计等方面比较自由、宽松。图 7-36 所示为明灰调与浊色调的组合配色，在对两组色调组合应用后，有清晰明朗、优雅温润的特点，两组色调的组合既有色彩感又不过分鲜丽，既有明暗对比又不过分生硬，属于悠闲的、中性的、容易亲近的色彩组合。

图 7-36　明灰调 p 与浊色调 d 的组合配色

设计者：浙江师范大学儿童发展与教育学院动画专业（动漫衍生设计方向）2019 级李翘楚

8. 中灰调 ltg 与浊色调 d 的组合配色

中灰调与浊色调的明度相似，二者组合的色组属于明度调和的色组。由于浊色调色彩感强而不艳，中灰调色彩感弱但富有内涵，因此在对这两组色调组合应用时，一浊一灰的配合，有色彩感且含蓄、稳重。

在玩偶服饰设计中对中灰调与浊色调组合应用时，适合选择有邻近色、对比色或互补色关系的色相。中灰调与浊色调的明度相似，如果两个色调选用对比不强的邻近色关系的色相，那么整体服饰色彩相似度太高，会导致整体服饰色彩显得没有精气神。而有邻近色、对比色或互补色关系的色相，在色相环上，对比比较强烈，即使降低了色相的明度和纯度，在组合应用时也会获得既有对比又很和谐的效果。如图 7-37 所示，服饰色彩主要由中灰调与浊色调组合而成，橙色与绿色属于邻近色关系，虽然它们都降低了明度和纯度，但是将它们搭配在一起，既有色彩感又非常和谐。

9. 加入一色的色调变换方法

要改变一个色组原有色调的面貌时，可以在色组的每个颜色中同时加入同一分量的一个颜色来改变其调性。如图 7-38 所示，当除灰色以外的其他颜色中同时加入服饰的同一分量（少量）的橙色时，整体服饰的色调趋向橙色。如果同时加入同一分量（大量）的橙色，那么浊色调的效果将会被彻底改变，变成统一、和谐且纯度略高的黄橙色。以此手法类推，当在色组中加入大量的绿色时，服饰将变成绿色调；当在色组中加入大量的紫灰色时，服饰将变成紫灰色调等。在玩偶服饰的色彩设计中，利用这种方法可以随心所欲地改变色调，从而非常方便、快速地获得协调统一的服饰色调。

图 7-37　中灰调 ltg 与浊色调 d 的组合配色

设计者：浙江师范大学儿童发展与教育学院动画专业（动漫衍生设计方向）2016 级茹彤瑶

图 7-38　加入一色的色调变换方法

设计者：浙江师范大学儿童发展与教育学院动画专业（动漫衍生设计方向）2018 级华馨雅

在色彩构成中，色调所占的面积大小，直接关系到色彩意向的传达。例如，同样是橙色，当其在作品中所占的面积很小时，它可以起到点缀和辅助的作用，但当其在作品中所占的面积很大时，画面就会呈现出温暖的橙色调。因此，色调所占的面积大小不仅是影响色彩效果的重要因素，而且是决定主色调的关键因素。如图 7-39 所示，两套服饰的颜色主要都由粉色和孔雀蓝色构成，但两种色调在两套服饰中所占的面积大小相反，由于两套服饰分别以粉色和孔雀蓝作为主色调，因此其呈现出两种不同的色调，色彩意向也各不相同。穿着粉色服饰显得人甜美、柔弱，而穿着孔雀蓝色服饰则显得人成熟、优雅。由此可见，在玩偶服饰的色彩设计环节，首先要确定所占面积最大的色调。当然，色调所占的面积大小要根据构思进行选择，作品希望通过色调传递什么样的意向特征，是权衡色调所占的面积大小的重要因素。

图 7-39 色调所占的面积大小与色彩的主色调特征

设计者：浙江师范大学儿童发展与教育学院动画专业（动漫衍生设计方向）2018 级付现荣

第三节 玩偶服饰设计中的色彩学习与借鉴

色彩的解构、组合与再创造，是玩偶服饰设计中学习色彩的主要途径和方法。它是将自然色彩与人为色彩进行解体、归纳与再利用的过程。一方面，分析解构对象的色彩组织成分和构成特征，保留原有的主要色彩关系与色调所占的面积的比例关系，保持主色调的意象特征与整体风格；另一方面，打散解构对象原有色彩的组织结构，并将其运用到新的组织结构中。从平凡的事物中去观察、发现别人没有发现的美，是艺术创作中非常重要的途径和方法。色彩的解构与重组就是这样的一种发现色彩美、利用色彩美的方法，由于这种方法已在不同领域的色彩设计中得到广泛应用，因此，玩偶服饰设计也可以借鉴这种方法以获得更多的色彩设计灵感与方法。

打散与解构看起来好像是一种破坏行为，实质上是一种提炼色彩的方法。它先将人为色彩和自然色彩中优秀的成分提取分解出来，再依据现代人的审美意识和新的设计意图将色彩重新进行组织，赋予原有色彩新的内涵和形式。这种方法是一种分析、解构与再创造的过程，而不是简单模仿。

色彩解构与重组的方法有很多，但对于玩偶服饰设计来说，主要是将原物象中美的、新鲜的色彩元素注入服装的组织结构，使之产生新的色彩形象。在进行色彩的解构与重组的练习时可以参考以下几种形式。

第一种，按照比例重组整体色。将色彩对象完整采集下来，按照原色彩关系和色调所占的面积的比例关系，做出相应的色标，按照比例将其应用在玩偶服饰设计效果图中。其特点是主色调、整体风格基本不变。

第二种，不按照比例重组整体色。将色彩对象完整采集下来，选择典型的、有代表性的色彩，不按照比例进行重组。这种重组的特点是既有原物象的色彩感觉，又有一种新鲜的感觉。由于比例不受限制，因此可以将不同面积大小的代表色作为主色调。

第三种，重组部分色。从采集后的色标中选择所需的色彩进行重组，可以选择某个局部色彩，也可以抽取部分色彩。其特点是更简约、概括，既有原物象的影子，又更加自由、灵活。

色彩的解构与重组是一个再创造的过程，对同一物象的采集，因采集人对色彩的理解和认识不一样，也会出现不同的重组效果。总之，色彩的解构与重组就像一把打开色彩新领域大门的钥匙，教会我们如何发现美、认识美、借鉴美、表现美。

色彩的解构与重组的对象范围相当广泛，变化丰富的自然色彩与人为色彩提供了丰富的创作源泉。一方面，可以从变化万千的大自然中采集色彩；另一方面，可以借鉴不同民族古老的文化遗产，从一些原始的、古典的、民间的、少数民族的艺术中寻求灵感。此外，还可以从各类文化和艺术流派中汲取营养。

一、自然色彩的解构与重组

大自然丰富多彩，变幻无穷，向人们展示着迷人的色彩，如蔚蓝的海洋、金色的沙漠、苍翠的山峦、灿烂的星光……按照季节划分，有春、夏、秋、冬的不同色彩；按照时间划分，有晨、午、暮、夜的不同色彩；按照对象划分，有植物、矿物、动物、人物等的不同色彩。这些美丽的景色不仅能够激起人们美好的情感，而且是设计师取之不尽、用之不竭的灵感源泉。如图7-40所示，设计师将从大自然中捕获的灵感应用于玩偶服饰设计中，可以带给儿童自然、清新的大自然气息，培养儿童热爱自然、热爱生命的美好情感。

图 7-40 自然色彩的解构与重组

设计者：浙江师范大学儿童发展与教育学院动画专业（动漫衍生设计方向）2018 级任双鹏

二、传统艺术品色彩的解构与重组

中国传统艺术品的种类非常丰富，主要有原始彩陶、商代青铜器、汉代漆器、陶俑、丝绸、南北朝石窟艺术、唐朝铜镜、宋朝陶瓷、明清朝陶瓷、纺织品、木石雕、历代绘画，以及民间剪纸、壁画、皮影、布玩具等。这些艺术品均带有各时代的经济、文化烙印，各有其典型的艺术风格，也因其各具特色的主色调，显示出不同的艺术特征。对这些传统的艺术品进行解构与重组，将相应的色调风格应用于玩偶服装的色彩设计中，是传统文化的又一种传承方式，可以使儿童在游戏中感受传统文化的魅力。图 7-41 所示为原始彩陶色彩的解构与重组。图 7-42 所示为民间剪纸色彩的解构与重组。图 7-43 所示为故宫博物院色彩的解构与重组。

图 7-41 原始彩陶色彩的解构与重组

设计者：浙江师范大学儿童发展与教育学院动画专业

（动漫衍生设计方向）2019 级徐启华

图 7-42 民间剪纸色彩的解构与重组

设计者：浙江师范大学儿童发展与教育学院动画专业

（动漫衍生设计方向）2018 级魏靖泰

图 7-43　故宫博物院色彩的解构与重组

设计者：浙江师范大学儿童发展与教育学院动画专业（动漫衍生设计方向）2019 级朱馨怡

三、美术作品色彩的解构与重组

（一）现代名画色彩的解构与重组

从 19 世纪后期兴起的印象派开始，画家们开始对色彩进行研究，把色彩作为传达情感的媒介，强调色彩本身的表现价值。梵高的作品中展现的充满生命力的色彩，高更的作品中展现的带有原始风格的互补关系色彩，马蒂斯的作品中展现的抒情的色彩境界，康定斯基的作品中展现的具有音乐性色彩的热抽象艺术，以及蒙德里安的作品中展现的三原色的冷抽象艺术等，均表明了艺术家借助色彩的力量传达各种不同的艺术观与精神境界。通过对现代名画色彩的解构与重组，学生可以学习个性独特、充满艺术气息的色彩关系。

图 7-44 所示为阿尔丰斯·穆夏的绘画作品《风信子公主》色彩的解构与重组。作品主要由中灰调、明灰调与暗灰调组合而成，中灰调在画面中所占的面积较大，由此确定了画面的基调。中灰调画面中的人物色彩使用的是明灰调的黄色，明暗对比关系较其他部分强烈，是画面的主题部分。画面背景中虽然色相丰富，但是因为都是色感较弱的中灰调，所以在背景画面中穿插了少量暗灰调和暗色调，使画面的色彩层次更加丰富，整体上也更显沉稳。作品中的图案样式与色彩都非常丰富，色彩的协调性使得画面既丰富又不凌乱，丰饶与雅致交融，体现了浓浓的异国情调。

图 7-45 所示为梵高的绘画作品《奥维尔绿色的麦田》色彩的解构与重组。作品主要由中明调的绿色田野、中灰调的黄绿色小路与明灰调的粉绿色天空组合而成，整体上体现了一个"绿"字。此外，田野中也有少量的纯色调与明色调色彩，丰富了画面的色彩层次。作品整体上给人清新、明朗、心旷神怡的感觉，仿佛田野清新的空气迎面袭来。

图 7-44 绘画作品《风信子公主》色彩的解构与重组

设计者：浙江师范大学儿童发展与教育学院动画专业（动漫衍生设计方向）2018 级陆单丹

图 7-45 绘画作品《奥维尔绿色的麦田》色彩的解构与重组

设计者：浙江师范大学儿童发展与教育学院动画专业（动漫衍生设计方向）2018 级胡乐乐

（二）装饰图案色彩的解构与重组

装饰图案是现代绘画作品中的一个重要分支，应用领域非常广泛。装饰图案的内容与形式多种多样。面料、墙纸、包装、产品等设计领域，都离不开装饰图案。丰富的形式和内容可以为玩偶服饰的色彩设计提供丰富的灵感与素材。图 7-46 所示为装饰图案色彩的解构与重组。

图 7-46　装饰图案色彩的解构与重组

设计者：浙江师范大学儿童发展与教育学院动画专业（动漫衍生设计方向）2018 级温艳香

第四节　玩偶服饰的色彩设计与游戏预设

儿童认识客观世界是从感知开始的，玩偶服饰是儿童认识客观世界的一个特殊媒介。因为有了感觉和知觉，儿童才能获得对客观世界的认识，从而为高级、复杂的心理活动打下基础，而色彩感知在视觉活动中发挥着重要的作用。在设计玩偶服饰的色彩时，要遵循儿童对于色彩的感觉和知觉的特点。只有这样，才能在游戏活动中顺应和满足儿童的发展需求。

一、儿童的色彩感知

（一）从儿童的生理方面看色彩感知

人对色彩的和谐有着本能的需求，儿童处于婴幼儿时期就已经有了色彩偏好。和谐、鲜艳的色彩常给人以美的享受，杂乱无章的色彩常给人造成视觉疲劳，从而影响人的心情。研究发现，色彩影响着儿童的智力发育，色彩在儿童的启蒙和成长中都占据着不可替代的地位。如果儿童长期生活在暗淡且灰度较高的环境中，那么儿童的身心都将受到严重的影响和扭曲。此外，儿童大脑神经细胞的发育也会受到影响，并且处于这一环境中的儿童会过于呆板、反应迟钝。与此相反的是太过艳丽的色彩。太过艳丽的色彩也不利于儿童的视力发展。太多的色彩会分散儿童的注意力，让儿童无所适从。在一般情况下，儿童喜欢将大部分注意力聚焦于物体的细节而非整体，如果一个设计中包含了许多不同的色彩，那么就会令儿童摸不着头脑。玩偶是儿童会反复把玩的玩具，更要注意色彩对儿童的负面影响。因此，在进行玩偶服饰的色彩设计时，一定要充分考虑儿童的生理因素，选择舒适、协调、简洁的色彩。

（二）从儿童的心理方面看色彩感知

儿童从认知色彩到识别色彩是一个日积月累的过程，随着儿童年龄的不断增长和周围环境的不断变化，儿童对于色彩的认知也在不断变化。例如，小时候患过病、打过针和吃过药的儿童，在看见白色药剂或药片，甚至穿着白大褂的医生或者护士时都会感到莫名恐惧和抵触。这是生活感受对于儿童心理造成的影响。后来有设计师依据儿童的这一心理反应设计出了糖果色的药剂和药片，这不仅解决了儿童吃药困难的问题，而且对儿童的身心健康也起到了积极的作用。这一通过改变视觉色彩而影响儿童心理的成功案例，对于玩偶服饰设计来说，不无启发。因此，在玩偶服饰的色彩设计中，不能够完全依靠成人的思维方式，一定要结合儿童的心理，设计出适合儿童心理需求的色彩。

（三）从儿童的性别方面看色彩感知

随着年龄的增长，由于性别的差异，儿童对于色彩的认知开始产生分歧。大多数男孩首先喜欢蓝色和黄色，其次喜欢橙色和绿色。而大多数女孩却首先喜欢粉色、紫色、红色，其次喜欢白色和蓝色。因此，在进行玩偶服饰的色彩设计时，应注意色彩的性别差异性。

二、基于儿童色彩感知的玩偶服饰色彩设计

（一）色调的选择

根据儿童生理和心理对色彩的感知特点可知，玩偶服饰的色调多数选择中明调、明色调、明灰调，或以这几组色调为主色调的对应色调组合或相似色调组合。从儿童的生理特点方面分析，由于这几组色调中的每个色相都加入了不同程度的白色，因此色彩整体感觉鲜艳、明亮但不失柔和。特别是明灰调，哪怕采用色相环中对比极强的色相进行配置，色调依然柔和、协调，不会对儿童的视觉神经造成伤害。从儿童的心理特点方面来分析，这几组色调可以给儿童带来愉快的情绪体验。中明调和明色调活泼、明快，犹如春天般富有生机与活力；明灰调宁静、优雅，犹如清晨草地、树林、湖面的倒影，以及雨后的远山，给儿童安宁、平静、放松的感觉。

（二）色相的选择

虽然玩偶服饰的色调选择好之后也就意味着确定了基本色相，但是这里所说的色相选择主要指色相多少的选择。玩偶服饰的色相不宜太多，一般选择 3 ～ 4 种比较适合，如果玩偶服饰的色相太多，那么容易给儿童一种杂乱的感觉。

▍拓展阅读书目推荐

水淼，《超有趣的儿童色彩心理学》，朝华出版社，2017 年 11 月。

辛红静，《儿童色彩感觉》，辽宁美术出版社，2002 年 1 月。

思考与练习

1．结合第三章的"思考与练习"第 2 题进行色彩设计练习：选择一组基本色调设计大衣，一组色相主色调设计外套，一组相似色调设计连衣裙，一组黑、白色调设计衬衣。

2．色彩的解构与重组练习：从自然界、传统艺术品及美术作品中任选一种色彩关系进行分析解构与重组，并将其运用于大衣、连衣裙等结构设计中，要求每个系列使用一张 A4 纸进行表现。

本章讲课视频

布十

第八章　玩偶服饰设计方案的视觉表现

导读：

通过本章学习，学生能够了解玩偶服饰设计效果图的常用表现技法，玩偶服饰设计效果图中人体、人体局部、衣纹的表现，以及玩偶服饰设计中服装结构图的表现。

玩偶服饰设计方案只有通过一定的方法和媒介表现出来，才能使创意得到体现，使后期的工艺制作有明确的指导。一般玩偶服饰设计方案的展示形式包括玩偶服饰设计效果图、结构图等。玩偶服饰设计效果图是衔接设计师、工艺师与消费者的桥梁，是设计师将灵感通过平面要素描绘的玩偶着装图，要求能够准确、清晰地体现其设计意图和穿着效果。虽然在玩偶服饰设计中设计师的实践能力很重要，但是如果缺少玩偶服饰设计效果图，那么在设计过程中容易出现沟通问题，设计师也有可能不被信任。一方面，玩偶服饰设计效果图是一种特殊的艺术创作形式，必须符合美的形式法则，它是造型、色彩、材质肌理等视觉要素的综合呈现，需要形式与内容完美统一；另一方面，玩偶服饰设计效果图不能摆脱以玩偶为基础的创作特点，而要受到制作工艺的制约。玩偶身体基本上是人体的缩小版，虽然为了增加艺术效果，玩偶的体块结构比人体更加简洁，在比例方面也有所夸张，但是其在整体上的体形特征与人体相似。一般玩偶身体有多个活动关节，虽然灵活度不及人体，但它能够摆出很多造型。为了适应玩偶的结构与肢体变化，在玩偶服饰设计中必须包含结构设计，玩偶服饰设计效果图必须表现出服装结构。玩偶服饰设计效果图不同于装饰画。它虽有一定的艺术夸张，但必须将服装款式特点表达清晰。一般因为表现形式的夸张或表现手法的特殊性，虽然会导致服装款式在表现形式上有些失真，但是不能严重影响后期的成品制作。由此可见，玩偶服饰设计效果图需要艺术性与工艺性的高度统一。玩偶服饰设计中的服装结构图则主要表达整体造型与比例、各部位的结构等，为后期打样与缝制提供具体的工艺要求。

玩偶服饰设计效果图主要用来表达设计师的设计意图，表现服饰穿在玩偶身体上的效果，包括玩偶着装状态下的造型、色彩、配饰等。玩偶服饰设计效果图主要以各种绘画的形式表现。绘画的表现技法有很多，大致包括手绘法与计算机画图软件绘画法，不同的形式呈现出不同的视觉效果与艺术风格。

徒手绘制的玩偶服饰设计效果图的风格较为自由、生动。一般常用的手绘法包括钢笔淡彩、水粉颜料、彩色铅笔、马克笔等，常用工具包括如下几种。

铅笔：常用的是 HB、B、2B 等型号。这些铅笔软硬适中，使用时不容易破坏纸张，在绘画时常常用来起稿。

彩色铅笔：有油性和水溶性之分。油性彩色铅笔中加蜡，起防水作用，能够显示出鲜明的颜色，使用起来比较简便；水溶性彩色铅笔呈粉末状，可以与水、毛笔配合使用，晕染后有水彩效果。

毛笔：大致分为狼毫、羊毫和兼毫 3 种。狼毫偏硬，羊毫偏软，兼毫的软硬度介乎狼毫与羊毫之间，根据绘画效果进行选择。兼毫一般较细，主要用于勾线。

马克笔：有油性和水性之分。油性马克笔的颜色效果很好，并且有速干的特性，渗透性强；水性马克笔的颜色透明性较好。

油画棒：如同蜡笔，具有较强的表现力和覆盖力，可以用于反复添加、重复厚涂。

颜料：常用的有水彩、水粉与丙烯 3 种颜料。水粉颜料与丙烯颜料的覆盖力较强，常用来表现厚重的面料与图案，给人沉稳、庄重之感。水彩颜料的透明性较好，可以表现比较轻薄的面料，以营造一种轻松、飘逸的氛围。

纸张：常用的纸张有多种。素描纸、打印纸、牛皮纸等常用于勾绘草图；卡纸、水粉纸、水彩纸等常用于绘制正稿，也就是最终的彩色稿。

尺子：在绘制玩偶服饰设计中的服装结构图时，必须借用直尺、三角尺、曲线尺等，以让线条达到对称的效果。

其他：手绘时常用的其他工具，如橡皮、裁纸刀等。

使用钢笔淡彩的画法效果简洁、明快、舒畅，是一种比较基础、常用的表现技法。图 8-1 所示为钢笔淡彩服饰设计效果图。钢笔淡彩的画法在突出服装款式、结构，甚至某些琐碎的细节部位时，有着其他表现技法无可比拟的优势，不失为初学者的佳选。

设计者：浙江师范大学儿童发展与教育学院动画专业（动漫衍生设计方向）2016级胡梦

其绘画步骤如下。

（1）铅笔起稿。用笔要轻缓，因为使用的是钢笔淡彩的画法，所以要避免出现铅笔痕迹难以覆盖的问题。如果想追求干净、整洁的线稿，避免反复修改线稿影响上色后的效果，那么可以使用拷贝纸把草稿拷贝到准备绘制正稿的纸上。

（2）使用调配好的水彩颜料涂画服装的主色调或底色。保持笔尖水分，轻轻涂画。待画半干时，使用同色、同深度、同湿度的颜料在衣纹等阴影部位继续加深，如此重复数遍，直到达到想要表达的效果为止。

（3）以相同的画法依次为肢体、头发、饰品等上色，切忌色厚、色脏。

（4）使用稍浓色在已干的画上添加服装面料上的彩印、提花、刺绣等细节。

（5）待颜料完全干透后，使用钢笔勾线，一般是从上到下，一次完成。在使用钢笔勾线时，可以使用单线，也可以使用粗细不同的线。一般来讲，受光面的线条要略细一点，背光面的线条要略粗一些。也可以为外轮廓使用粗线，为内轮廓使用细线。这样粗细结合进行表现，会有一定的装饰感。

（二）水粉颜料

水粉颜料多数比较透明，由粉质的材料组成，覆盖力比较强。水粉颜料的这一特性，决定了水粉作品的纯度和亮度。水粉作品的纯度、亮度的提高一般是通过添加粉或含粉质较多的浅颜色来实现的。有些颜色只加入少许粉，纯度就变化很大。水粉颜料中比较不稳定的颜色是玫瑰红、青莲、紫罗兰、柠檬黄，其他颜色总体来说是较稳定的。图 8-2 所示为水粉颜料绘制的服饰设计效果图。

设计者：浙江师范大学儿童发展与教育学院动画专业（动漫衍生设计方向）2019 级徐启华

其绘画步骤如下。

（1）铅笔起稿，确定服装款式和人体姿态的轮廓。

（2）使用毛笔绘制出人物的肤色和服装上的色彩，可以留有飞白。

（3）使用深色强调暗部，增强立体感。

（4）待颜料干后，在服装上勾画图案、蕾丝花边，以及其他饰品的形状，并为其涂上颜色。

（5）按照铅笔稿使用勾线笔勾画出线条。

彩色铅笔在使用时容易控制并且能够使用橡皮进行修改，适宜初学者使用。由于彩色铅笔不像水彩颜料或水粉颜料那样能够进行大面积上色，因此在绘画时要耐心地慢慢描绘，用力均匀，画上不能有笔触出现。彩色铅笔可以根据需要使用不同颜色进行叠加，以获得含蓄浓郁、层次丰富的色彩。图 8-3 所示为彩色铅笔服饰设计效果图。在使用彩色铅笔上色后，会产生一层绒毛一样的效果，适合表现毛衣类或粗纺毛织物类的服装。

设计者：浙江师范大学儿童发展与教育学院动画专业（动漫衍生设计方向）2019级徐启华

其绘画步骤如下。

（1）使用铅笔轻轻地将人物、服装及饰品画到白卡纸上，要求尽可能具体、详细。

（2）在为皮肤上色时，水溶性彩色铅笔可以使用肉色表现，一般油性彩色铅笔可以使用淡黄色打底，并使用中黄色上一次色。注意，用力要轻而匀。头发先使用黑色上一层色，再使用褐色或其他颜色叠加一层。

（3）使用赭石色为皮肤的阴影部分上色，使用黑色为头发的密集部分上色。

（4）绘制服装的基本色。

（5）为人物化妆，同时绘制出服装的细节部分。使用彩色铅笔仔细刻画人物、服装及饰品，使服装款式特点与饰品造型清晰、明了。

（6）按照铅笔稿使用勾线笔勾画出线条。

（四）马克笔

使用马克笔上色具有简洁、方便、见效快的特点。图8-4所示为马克笔服饰设计效果图。在使用马克笔表现玩偶服饰设计效果图时有干脆、利落的视觉效果。目前，市场上的水溶性马克笔多为进口产品，颜色有几十至上百种，一般可以满足玩偶服饰设计效果图的创作。由于马克笔相对较硬，用色笔触不大，且上色时没有水粉颜料或水彩颜料那样的流动感，因此使用马克笔表现服装有一定的局限性。相对来讲，使用马克笔表现用精纺类面料制成的服装比表现轻薄的丝绸或纱类面料制成的服装的效果要好。

设计者：浙江师范大学儿童发展与教育学院动画专业（动漫衍生设计方向）2019级徐启华

其绘画步骤如下。

（1）使用铅笔在白卡纸上将服装及人物的造型仔细勾画出来。

（2）使用肉色表现皮肤的色彩，同时将服装的颜色表现出来。注意，要尽可能使用大的笔触去绘制，作画要干脆，不能在画上反复修改，否则会留下许多斑点或接痕。

（3）使用同一支马克笔在所需的位置绘制出阴影。若不需要太多的飞白，则可以使用清水进行晕色。

（4）使用钢笔勾画出结构线，刻画饰品及细节部位。

综合表现技法指利用两种以上的技法来表现一个玩偶服饰设计效果图。因为每种表现技法都有其优势和不足，所以在创作时可以根据需要使用两种或两种以上的表现技法进行综合应用，特别是当在一个玩偶服饰效果图中表现多种面料时，适合采用多种表现技法表现不同的面料质感，这样能够更好地体现设计者的意图。如图8-5所示，为了表现服饰的明暗变化与细腻的图案，设计者分别使用了水粉颜料和马克笔。

设计者：浙江师范大学儿童发展与教育学院动画专业（动漫衍生设计方向）2017级邱引彤

　　随着科技的发展，各种计算机画图软件为玩偶服饰设计效果图的创作提供了丰富的创作途径。如图8-6所示，常用的计算机画图软件有 Photoshop、Procreate、Sai 三种。虽然使用这些软件绘制玩偶服饰设计效果图具有复制方便、文件容易保存等优点，但是它不像手绘法那样灵活多变，特别是在线条的描画方面，它不如手绘法自由、洒脱。

Photoshop

Procreate

Sai

在玩偶服饰设计效果图中，玩偶身体是基础，而表现服饰造型则是最终的目的。因此，在绘制玩偶服饰设计效果图之前，要根据服饰的特点选择人体姿态。有些设计师在纸上勾画草图时就已经有了大致的人体姿态，而有些设计师则习惯在草图勾画好后，确定人体姿态。总之，不管是哪种形式，在使用计算机画图软件绘制玩偶服饰设计效果图的正稿前，都应先绘制人体姿态，再绘制人体服饰，这样才能使服饰造型与人体结构吻合。人体姿态要根据服饰设计的重点进行布局，如当服饰设计的重点在袖子时，人体的手臂应该适度抬起，以突出设计的关键点；而当服饰设计的重点在裙子时，可以选择双腿分开站立的姿态。另外，如果要绘制服饰系列设计效果图，那么需要绘制几个不同的人体姿态，注意肢体的变化、相互穿插与避让。

在使用计算机画图软件绘制玩偶服饰设计效果图时一般需要进行以下几个步骤。

（1）根据人体姿态绘制出人体基本框架。先确定头身比例，再使用直线绘制出人体基本框架。一般玩偶服饰设计效果图中的人体比例的总高度为九至十一个头部的高度。如图 8-7（a）所示，在勾画人体基本框架时要注意人体的基本比例、动态、重心，以及脚部的前后关系。

（2）以人体基本框架为基础，勾画人体的细节图。新建一个图层，将其设置为透明格式，这样可以根据人体基本框架勾画一个有一定细节的人体图。如图 8-7（b）所示，以人体基本框架的比例、关节及直线为基础，结合人体的结构、骨骼和主要肌肉的块状，使用流畅的线条表现人体的形体、主要结构等。在勾画完成后，恢复图层的非透明格式，删除人体基本框架的图层，

（3）为人体的细节图填充肤色。如图 8-7（c）所示，在填充肤色后开始绘制服饰，这样人物形象会比较有整体感。

（4）将服饰"穿"到人体上。新建一个图层，在新图层上绘制服饰，并根据服饰的结构特点新建多个图层，在不同图层上绘制不同的结构，以便于修改。以明确的线条绘制出服饰的外轮廓线，注意服饰与人体之间的紧贴与宽松关系。贴身的部位应体现出人体结构线的起伏关系；宽松的部位应体现出人体与服饰之间的空间感。同时，也要注意由于人体运动而使服饰产生的衣纹变化，当衣纹有很多时，要有所取舍，服饰的结构线必须被十分仔细地表现出来，不能被省略，同时要结合人体结构的起伏与透视变化进行变化。

（5）绘制细节。如图 8-7（d）所示，这一环节主要对服饰的内部结构、部件形状，以及拉链、纽扣等细节进行逐一刻画，根据需要添加饰品。服饰的局部细节要根据人体运动后产生的透视效果去表现。例如，对左右对称的服饰来说，当身体扭转时，人体的中心线也相应偏向一边。另外，在表现左右口袋、扣子等细节部位时，也要给人一种视觉上的平衡感。此外，还要勾画与服饰匹配的发型。

（6）填充颜色。如图 8-7（e）所示，先填充较大面积部分的颜色，以便确定主色调，再依次给较小面积部分上色。注意，不同材质服饰的表现方式不同。比如，纱制的材质具有一定的透明度，可以通过调节透明度或使用比较柔和且可以使颜色融合的笔刷上色。

（7）绘制人体五官并铺色。如图8-7（f）所示，人体妆容需要和整体服饰相匹配。注意，在接近轮廓线的位置添加深一些的肤色，以增加脸部的立体感。此外，可以为头发、下巴等部位添加一些阴影和细节，以使作品的完成度更高。

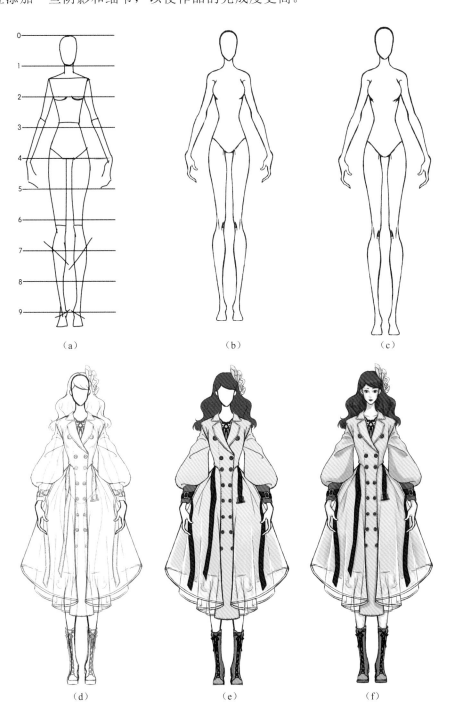

（a）　　　　　　　　　（b）　　　　　　　　　（c）

（d）　　　　　　　　　（e）　　　　　　　　　（f）

图 8-7　计算机画图软件绘制玩偶服饰设计效果图的步骤

设计者：浙江师范大学儿童发展与教育学院动画专业（动漫衍生设计方向）2018级陆单丹

在玩偶服饰设计效果图中，服饰是表现的主体，而人体主要起衬托服饰的作用，所以人体部分一般表现得比较简略。虽然人体外形与结构是非常复杂的，但是在绘制玩偶服饰设计效果图时，不需要对人体结构进行详细的刻画，而是根据人体的外形结构进行简化与夸张的表现。玩偶服饰设计效果图中的人体只需要表现舒展、优美的动态，修长、简略而又纤细的外形，身体大的体块造型，以及关节的位置和形状、秀美的五官等。

正常的人体是七个半头部的高度，但为了强调服饰的视觉美感，玩偶服饰设计效果图中的人体比例通常要在正常的人体比例基础上使用夸张的表现方法。一般会将人体比例拉长至九个头部的高度，有时根据设计表现的需要，还可以把人体比例拉长至十至十一个头部的高度。在人体比例夸张表现的过程中，男性和女性夸张表现的部位有一定的区别。

在夸张表现男性人体时，首先，应该强调男性特征，夸大男性人体的健壮感，做到棱角分明；其次，应以夸张表现肩部的宽度为主，夸张表现男性肩部的宽厚感；最后，在拉长四肢和颈部的同时应适当夸张表现肌肉的发达程度，使夸张表现后的男性人体健美、洒脱。

女性人体夸张表现的部位和男性人体夸张表现的部位有着明显的区别。在夸张表现女性人体时，首先，应注意对胸部、腰部、臀部曲线的夸张表现，这是女性人体很重要的部位；其次，应拉长颈部和四肢，在夸张表现下肢时，不能只拉长小腿，大腿也应该进行相应拉长，小腿拉长的程度可以稍大一些。总之，夸张表现后的女性人体应给人以优美、秀气、浪漫的美感。

在绘制人体时，首先要确定人体比例，现以九个头部的高度的人体表现为例。如图8-8所示，在绘制人体正面时，应先确定头顶的位置和脚底的位置（注意不是脚尖），再把高度平均划分为九个头部的高度。绘制一条水平线，在水平线的第一个头部的高度的位置绘制上大下小的椭圆代表头部，颈部占半个头部的高度，肩部宽度为一个半头部的高度，胸腔高度为一个半头部的高度，腰部在第三个头部的高度的位置，腰部宽度为一个头部的高度，臀部在第四个头部的位置，臀部宽度为一个半头部的高度，腿部占五个头部的高度，膝关节在第六个半头部的高度的位置，脚后跟在第九个头部的高度的位置，上臂占一个半头部的高度，前臂占一个半头部的高度，手部在大腿中部偏上的位置。

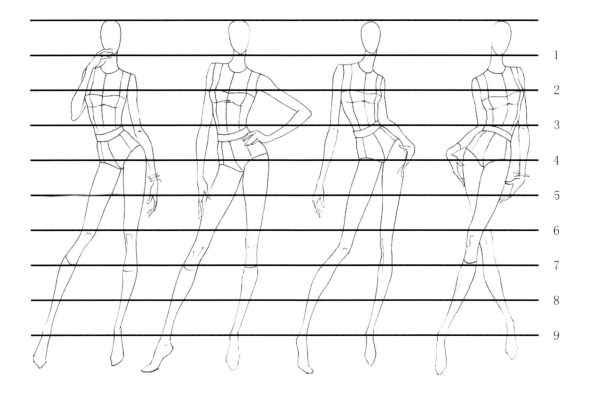

在其他艺术形式的表现中头部占有重要的位置，被视为重点刻画的对象，而在玩偶服饰设计效果图中，头部的表现则处于次要地位。如果将头部的五官绘制得过于精细，那么会减弱人体、服装款式及色彩所具有的美感。因此，在表现头部时要采取简练、概括的处理手法，抓住脸部的主要特点刻画。头部的绘制如图 8-9 所示。在绘制头部时要了解以下内容。

（1）勾画头部外轮廓。在勾画头部外轮廓时，高度要正好在一个头部的高度的位置。在头部中间绘制一条水平线，水平线随头部转动而偏移。5 条水平线把头部平均划分成 4 份，5 条水平线分别是头顶线、发际线、眉底线、鼻底线、下颌线。

（2）画"三庭五眼"辅助线。"三庭"指发际线到眉底线的距离＝眉底线到鼻底线的距离＝鼻底线到下颌线的距离。"五眼"指将左耳到右耳的距离平均划分成 5 份，第 2 份、第 3 份与第 4 份分别是左眼的宽度、内眼角之间的宽度，以及右眼的宽度。

（3）确定人体五官各部分的位置。眉底在头部 1/2 的位置，耳朵在眉底线与鼻底线之间的位置，嘴巴在鼻底线到下颌线的 1/2 偏上的位置，两个内眼角的距离＝鼻子的宽度。

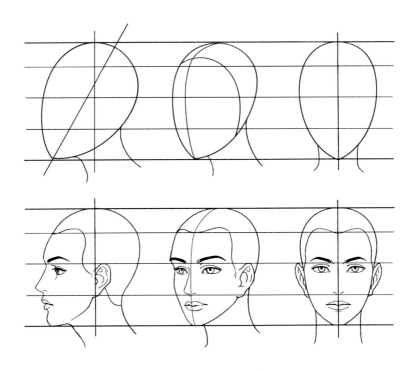

绘图：中国美术学院国际联合学院 2021 级硕士生周丹妮

    发型在玩偶服饰设计效果图中起衬托作用。发型的发展变化与人们审美观念的发展变化息息相关，但不管如何变化，发型都应该以各种不同的脸型、颈长为依据。同一种发型，由于脸型不同所产生的效果会有所不同。此外，发型还应该根据玩偶所设定的形象气质及服装款式、造型、风格等来表现，使发型、脸型、服装三者成为一个完美、有机的整体。另外，在绘制发型时，要注意头发与头皮之间的关系。因为头发与头皮之间的关系决定了头发的蓬松度，所以在绘制发型时要以头皮为基准。只有这样才能获得想要的发型效果。图 8-10 所示为发型的绘制。

绘图：中国美术学院国际联合学院 2021 级硕士生周丹妮

手部由三部分组成，即手腕、手掌和手指节。"手是人的第二张脸"，人的手部和脸部一样可以传达丰富的信息，在美术作品中均是重点刻画的对象。手部和头部一样，在玩偶服饰设计效果图中处于从属地位，在刻画手部时，应强调优美的动态。在表现手部时，要注意男性手部和女性手部的区别。男性手部要表现得粗壮、有力。在绘制女性手部时，手指部分要略长于手掌部分，要突出女性手部修长、纤细和柔美的感觉。图 8-11 所示为女性手部的绘制。

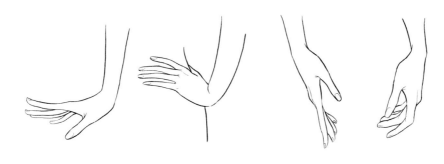

绘图：中国美术学院国际联合学院 2021 级硕士生周丹妮

脚部由脚趾、脚掌和脚后跟三部分组成。脚部的特征为内踝骨高于外踝骨，脚掌内侧和脚掌外侧形状不同，内侧凹外侧凸。

在玩偶服饰设计效果图中，因为模特不穿鞋子的现象极为少见，所以鞋子的表现是绘制好脚部的关键。因此，要特别注意鞋子的造型与脚部的结构关系。鞋子的造型变化大多以脚部的结构为依据。在行走时，人的两只脚的透视程度不同，在表现时要有大小和落点高低之分。在绘制脚部时，前面应大些，落点应低一些，后面应略小于前面，落点也应高一些。总之，应准确表现左、右脚的对应关系，避免出现左、右脚不分的现象。图 8-12 所示为脚部的绘制。图 8-13 所示为鞋子的绘制。

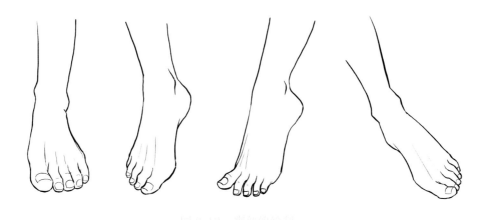

绘图：中国美术学院国际联合学院 2021 级硕士生周丹妮

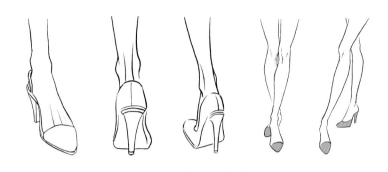

绘图：中国美术学院国际联合学院 2021 级硕士生周丹妮

在玩偶服饰设计效果图中，衣纹是反映服饰造型与面料质感非常重要的媒介。衣纹是由于人体的活动而使服装产生的自然不固定的线条。它的多少、粗细、疏密和笔触的轻重与服装款式的特点、面料的质地，以及人体的动态紧密相关。一般紧身的服装比宽松的服装的衣纹少；呢类硬挺面料的服装比雪纺、丝绸等轻薄面料的服装的衣纹少。此外，轻薄面料的服装的衣纹要细、软、飘，厚重面料的服装的衣纹要粗、硬，如图 8-14 和图 8-15 所示。

设计者：浙江师范大学儿童发展与教育学院动画专业（动漫衍生设计方向）2019 级杨予辰

设计者：浙江师范大学儿童发展与教育学院动画专业（动漫衍生设计方向）2018 级魏靖泰

衣纹大多产生于人体运动较大的关节处，如腋下、肘、腰和膝盖等部位。服装穿在身上，有些部位较为贴身，而有些部位则距身体较远。衣纹大多出现在较为宽松的部位。在绘制衣纹时，贴身部位的线条要根据人体的结构关系绘制得明确、肯定，宽松部位的线条要绘制得轻松、流畅。

一般来讲，相同动态的着装，无论什么面料质感，衣纹都有相似之处。因此，在学习绘制玩偶服饰设计效果图时，学生通过反复练习就可以掌握衣纹的规律，从而熟能生巧、举一反三。看过服装照片的人可以发现，照片上的服装有许多衣纹。在绘制玩偶服饰设计效果图时，要懂得如何对衣纹进行取舍、概括和提炼。适量的衣纹，有助于表现服装穿在人体上的效果，反之，则会冲淡结构线，成为一种累赘。因此，绘制的衣纹宜少不宜多，与人体运动及服装款式关系不大的衣裙线要尽量绘制得少一些。

图 8-16 所示为衣纹的类型。

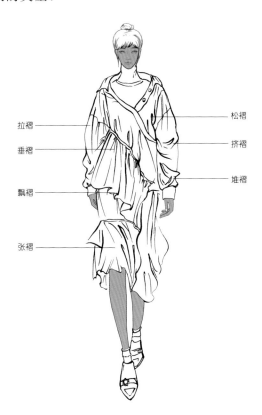

设计者：浙江师范大学儿童发展与教育学院动画专业（动漫衍生设计方向）2018级魏靖泰

（1）拉褶：因两个重力点拉伸而产生的衣纹，线条直而挺，头、尾线条细，中间线条粗，多发生于袖子部位。

（2）垂褶：因抽褶等工艺效果而产生的衣纹，线条长短不一，多发生于腰等部位。

（3）飘褶：因衣摆或裙摆过大产生波浪而导致的衣纹，线条两端细、中间粗，多发生于裙子和大外套上，多见于宽松类型的服装。在一般情况下，一个波浪有一条衣纹。

（4）张褶：因膝盖部位向前抬起导致顶住裤腿而产生的衣纹，多发生于裤子的中间部位。

（5）松褶：因线条的扭曲而产生的衣纹，线条呈 S 形，头、尾线条细，中间线条粗，多发生于袖子部位。

（6）挤褶：因人体关节部位弯曲导致面料受到挤压而产生的衣纹。

（7）堆褶：因宽松的面料受到一定的束缚导致多余的长度因为堆砌而产生的衣纹，被束缚处的线条粗而重，远离束缚处的线条轻而细，多发生于腰、袖口等部位。

玩偶服饰设计中服装结构图的表现

玩偶服饰设计中的服装结构图是服饰设计视觉表现的一部分，一般附在玩偶服饰设计效果图侧边，或者另外使用一张纸进行表现。玩偶服饰设计中的服装结构图忠实地记录服装的样式、结构细节等，注重服装整体和局部的比例关系，力求清晰、准确、具体、严谨、规范，必须为服装的结构设计、工艺设计等生产程序提供技术依据。因此，玩偶服饰设计中的服装结构图可以不绘制人物形象，不着色，不强调艺术性与个人风格，只要求各部位比例正确，甚至可以直接标注尺寸。

服装结构图的概念

玩偶服饰设计中的服装结构图是绘制在纸上的服装正面结构图和背面结构图，这些图清楚地标注了所有缝线和省道。玩偶服饰设计中的服装结构图也称服装设计展示图、服装平面图、服装工作图，是对服装款式设计意图进一步明确、清晰的表达，是生产中非常重要的环节，有着承上启下的作用。在生产制作过程中，借助玩偶服饰设计中的服装结构图来传达设计意图指导生产，以确保服装的工艺质量。因此，对玩偶服饰设计中的服装结构图的要求往往极其严格，必须一丝不苟，画法规范，清晰、明确地强调工艺结构和实际比例，表现服装类别和局部特殊设计，体现面料性能，表达详尽，一般绘制正面和背面。在特殊情况下，还需要绘制侧面、剖面及局部等结构比较复杂的部位。

服装结构图的表现方法

绘制玩偶服饰设计中的服装结构图与绘制玩偶服饰设计效果图的方法不同。针对绘制玩偶服饰设计中的服装结构图，有一些特殊的要求，具体体现在以下4个方面。

1. 比例准确

比例要准确，特别是对服装宽窄度的把握。款式图分为正面、背面和局部，要特别注意服装整体造型与局部比例的关系，如上衣与裤子的比例、领口与袖子大小的比例。正面结构图和背面结构图一般要求左右对称、大小相等。

2. 结构合理、准确

结构要合理、准确，特别是在对服装部件与工艺的表达上。服装结构图是由服装外形和结构线组合而成的，结构线的分割要以设计为依据。公主线、省道、口袋、纽扣的位置等都要在服装结构图上明确表示出来，以保证其准确性。这里准确的概念就是造型、比例符合设计效果，结构、部件位置合理。

在绘制玩偶服饰设计中的服装结构图时，一些细小部分常常需要以放大局部的方式加以特别说明，这是因为工艺设计的内容往往牵涉到制版工作中对收、放量的计算，如果服装结构图中没有清晰、明确地表现出这方面的情况，那么就有可能给制版环节的工作带来难度与产生误差。服装结构图对工艺设计的表达，如省道、褶皱、镶边等所描绘的形象要在简洁、明了的造型基础上，尽量符合该工艺的实际形象特点，以给制版师明确的导向。

在绘制玩偶服饰设计中的服装结构图时，一般使用线条均匀勾画。在绘制服装结构图时，要求严谨、规范，线条粗细统一，有时为确保线条准确和平直，可以使用尺子作为辅助工具。不管使用哪种方法绘图，在绘图之前都需要对服装款式进行整体分析。首先是廓型，包括长度及其在玩偶上的参考位置，还有肩、胸、腰、臀及下摆等部位的横向宽松度；其次是服装各部件的位置和造型；最后完成细节。

服装结构图的绘制分为 3 个方面，分别为绘制轮廓线、绘制细部结构线、绘制衣纹。轮廓线要简化、概括、恰当地表现出服装的合体性。细部结构线要严谨、规范地定位出服装的每个部分，使用不同的线条体现不同的工艺效果，注意款式前、后、左、右的相关性。细部结构线包括衣片分割线，是影响服装款式的设计细节之一。为了使效果更有变化，通常可以选择服装的前后衣片、袖子、裙片或裤片等部位按照一定的比例进行分割，使分割处在缝合后形成一种装饰线。另外，衣片在分割后，服装面料可以根据不同形状变换花色，以丰富视觉效果。图 8-17 所示为玩偶服装的正面结构图和背面结构图。

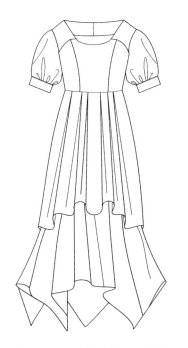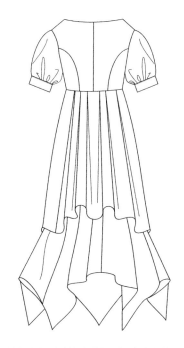

在实际练习中，会遇到很多变化复杂的款式。只要掌握了绘图要领，并对服装款式进行理性、客观的分析，绘画起来就会得心应手。经过大量练习，就拥有了对各种结构的了解，在能够自主掌握比例关系之后，就能够轻松地驾驭各种服装结构图了。

拓展阅读书目推荐

黄戈，《时装画精品课　服装设计效果图手绘表现实用教程》，人民邮电出版社，2018 年 4 月。

王群山，《服装设计效果图技法》，化学工业出版社，2018 年 8 月。

1．进行 4 个不同动态的 9 头身人偶绘画练习。

2．选取 4 张服装图片进行结构、衣纹等绘画练习。

本章教学视频

01　　　02

潮流玩偶服饰设计

第九章 玩偶服饰设计实践

■ **导读:**

　　通过本章学习，学生能够掌握玩偶服饰的设计流程，能够根据某个主题，独立完成从寻找灵感先到玩偶服饰系列设计构思再到绘制玩偶服饰设计效果图与结构图的整个流程。

　　在进行玩偶服饰设计时，一般需要先进行市场调研，再依次进行设计定位、构思、效果图与结构图表现、小样制作等环节，中途可以根据实际情况，随时进行创意、造型及结构等方面的调整。本章中玩偶服饰的设计流程主要聚焦于从创意到表现这一环节。

第一节　玩偶服饰的设计流程

从创意到表现，玩偶服饰的设计流程大致分为 6 个阶段。

一、通过"三步原创法"进行创意构思：勾画粗略的草图

（一）第一步：汲取灵感

任何设计作品的诞生都需要有创意的支持，没有好的创意，设计就站不住脚。灵感是服饰创意的来源，只有设计师有了灵感，作品才会有创意，才能设计出新颖的造型和款式。灵感可以抽象，可以具象，可以是激发设计创想的任何东西。灵感并不是捉摸不定的，而是可以捕捉的。灵感也并非自来水，能够说来就来，而是有一定的取材和摄取途径与范围的。灵感的产生，常常与某些因素的启示和刺激有关。所谓灵感，就是埋伏着的火药遇到导火线而突然爆发。这点燃火药的导火线往往不是在本专业领域的范围内得到的，而是从其他领域得到的。例如，在对一些与设计本身并不相干的事物进行观察与分析时，通过多角度的联想，可以捕捉设计的灵感，这种灵感多以记忆中保存的某些信息为基础。当然，也可以在日常生活中对摄影和网络图片进行欣赏与分析，这也是一种汲取灵感的方法。画面的色彩搭配、色块的比例、图形的寓意、形体的构造等，都是设计师灵感创意的来源。

1．从自然界中汲取灵感

服饰，从一开始就是经过人们选择的大自然的一部分，服饰的款式、色彩、材质无不出自大自然。自然界向来是进行艺术创作的一个重要灵感来源，服饰设计也不例外。以大自然中浑然天成的自然景象作为服饰创意元素的设计作品比比皆是，玩偶服饰也可以借用此思路寻找设计灵感。如图 9-1 和图 9-2 所示的作品，分别以海洋生物与陆地植物为灵感，并遵循服饰的设计特点，对设计元素进行了重新归纳与设计，为其赋予了新的意义与视觉效果，极具美感与创意性。

2．从传统文化中汲取灵感

传统文化是由文明演化而汇集成的一种反映民族特质和风貌的民族文化，世界各民族都有自己的传统文化。中、西方传统文化以各种形式存在，包括建筑、服饰、饮食、交通等。除此之外，中国传统文化还包括具有独特民族特色的文化内容与文化形态，如古文、诗、词、曲、赋、民族音乐、民族戏剧、曲艺、国画、书法、对联、灯谜、酒令等。传统文化不仅指国内的，而且包括世界各国的。如图 9-3 和图 9-4 所示的作品，灵感分别源于中国京剧服饰与西方传统节日——万圣节。对传统文化中的元素进行深度挖掘，分析其隐藏的文化思想，以及显现的视觉元素，包括造型、色彩构成、图案、工艺手段等，可以找到源源不断的玩偶服饰设计灵感。

图 9-1　玩偶服饰系列设计《鱼生》

设计者：浙江师范大学儿童发展与教育学院动画专业（动漫衍生设计方向）2018 级刘家千

图 9-2　玩偶服饰系列设计《夏》

设计者：浙江师范大学儿童发展与教育学院动画专业（动漫衍生设计方向）2018 级孙秋爽

图 9-3　玩偶服饰系列设计《游园京梦》

设计者：浙江师范大学儿童发展与教育学院动画专业（动漫衍生设计方向）2019 级周萌

图 9-4　玩偶服饰系列设计《万圣节》

设计者：浙江师范大学儿童发展与教育学院动画专业（动漫衍生设计方向）2018 级刘笑辰

3．从服饰艺术中汲取灵感

这里所指的服饰，主要包含两种。一种是具有典型符号性的服饰，它主要代表某社会身份、某种职业等群体的特定服饰，如迷彩服、军装、芭蕾舞服等；另一种指优秀的时装设计作品，它凝聚着设计师独特的设计理念及精湛的设计方法，体现了设计师超前的设计意识与独特的设计风格，可以对玩偶服饰的设计思路起到直接的引领作用。如图9-5所示的作品，灵感源于当代迷彩服。如图9-6所示的作品，灵感源于中国传统汉服，将西装元素与汉服元素进行巧妙结合。无论是哪种服饰，其呈现的样式均不胜枚举，都是玩偶服饰设计丰富的灵感来源。

图 9-5　玩偶服饰系列设计《迷彩》

设计者：浙江师范大学儿童发展与教育学院动画专业（动漫衍生设计方向）2014级杨玲玲

图 9-6　玩偶服饰系列设计《东成西就》

设计者：浙江师范大学儿童发展与教育学院动画专业（动漫衍生设计方向）2019级凌景怡

4．从其他艺术形式中汲取灵感

艺术是社会意识形态的一种，是人类看待世界的一种方式，也是人类实践活动的一种特殊形式。相对自然而言，艺术是人类创造的产物，包括文学、绘画、雕塑、建筑、音乐、戏剧、电影等一切艺术形式。它带给玩偶服饰设计许多独特的视角，是玩偶服饰设计丰富的灵感来源。虽然其他艺术中也包含传统艺术，如传统戏剧、建筑等，但这里所指的"其他艺术"，是一个跨领域的概念，主要指服饰艺术之外的其他艺术形式，如文学、电影等艺术形式。如图9-7所示的作品，灵感源于经典文学作品《美人鱼》。如图9-8所示的作品，灵感源于西方的马戏团文化，运用了马戏团的服饰、道具、色彩等元素，像充满想象力与挑战性的马戏一样，刺激、新颖且极具个性。

5．从日常生活中汲取灵感

日常生活中的内容鲜活而包罗万象，一个场景的角落、一个物体的局部、一种食物或道具等，都可能成为设计师创作的灵感。精彩的素材就是我们周围的一切，设计来源于生活，如果能够善于观察生活，善于思考，善于迁移，那么每个人都能够成为具有创意的设计师。如图9-9和图9-10所示的作品，分别以日常零食奥利奥饼干及菠萝为灵感，应用其图案、色彩、形态等元素进行适当的排列组合，使之摇身一变为创意独特的服饰。

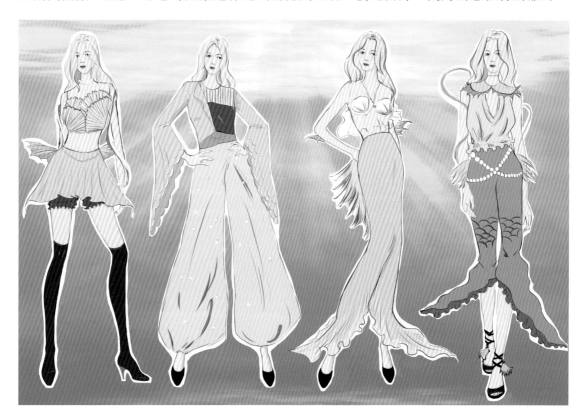

图 9-7　玩偶服饰系列设计《美人鱼》

设计者：浙江师范大学儿童发展与教育学院动画专业（动漫衍生设计方向）2018级黄若曦

图 9-8 玩偶服饰系列设计《马戏团》

设计者：浙江师范大学儿童发展与教育学院动画专业（动漫衍生设计方向）2019 级杨予辰

图 9-9 玩偶服饰系列设计《奥利奥》

设计者：浙江师范大学儿童发展与教育学院动画专业（动漫衍生设计方向）2018 级单梅

图 9-10　玩偶服饰系列设计《菠萝随想》

设计者：浙江师范大学儿童发展与教育学院动画专业（动漫衍生设计方向）2017 级汪嘉欣

（二）第二步：分析灵感的构成要素

在找到灵感后，从造型、装饰方式、装饰图案、色彩、材质肌理等方面对灵感的构成要素进行逐一分析，并将灵感的构成要素逐一罗列出来。其中，将最能体现灵感独特性的元素放在最前面，在设计时优先考虑，其他元素依次排列。以蝴蝶为例，蝴蝶的外形相对于其他元素来说，是最能体现蝴蝶这个生物特征的元素。对于服饰设计的初学者来说，灵感一定要进行构成元素的分析与罗列，否则，即使找到了灵感，但对接下来的服饰设计来说，初学者仍会感觉无从下手。

（三）第三步：将灵感的构成要素与玩偶服饰的构成要素进行配对

玩偶服饰由廓型、部件、结构、装饰、色彩 5 个要素构成，当灵感的构成要素可以与玩偶服饰的构成要素进行任意组合配对时，灵感的构成要素便可以体现在玩偶服饰中，由此形成玩偶服饰的雏形，产生玩偶服饰的创意。图 9-11 所示为三步原创设计法。灵感的外形既可以与廓型配对，设计成廓型，又可以与部件配对，设计成领子、袖子、口袋等部件的形状，还可以与装饰配对，设计成饰品的造型，如首饰、鞋子、帽子等饰品的造型。举一反三，灵感的图案或其他形态要素，也都可以与廓型、部件及装饰等要素配对。在色彩方面，玩偶服饰的整体色彩与灵感的整体色彩一致。在设计中，并不一定要将所有灵感的构成要素都与玩偶服饰设计的构成要素配对，也就是说，所得灵感的构成要素不一定都被用于玩偶服饰设计中。

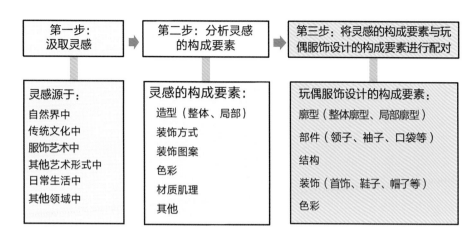

图 9-11 三步原创设计法

大自然中有各种美丽的植物与动物，它们是许多设计师的创作灵感。如图 9-12 所示，芭比娃娃服饰的设计灵感来自大自然中的植物——玫瑰花。玫瑰花的主要构成要素包括绽放的花朵、叶子、色彩等。芭比娃娃服饰选取玫瑰花朵的形状作为上半部分的廓型，将人物上半部分置于花朵中心，被层层花瓣环绕，凸显了人物形象的娇美与高贵；使用绿叶作为腰部的装饰，使用玫瑰花的红色作为服饰的主色调。为了凸显花朵的外形，服饰的腰部和臀部被设计得非常紧身，并展开宽阔的裙摆，使服饰的整体廓型由上至下呈现"大—小—大"的变化，具有分明的层次感。

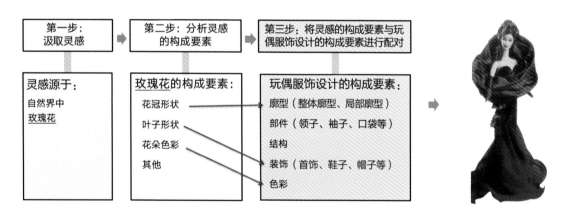

图 9-12 玩偶服饰设计案例《玫瑰芭比》创意解析

如图 9-13 所示，芭比娃娃服饰的设计灵感来自大自然中的动物——蝴蝶。蝴蝶的主要构成要素包括标志性的呈对称形状的双翅、有触角的头部、抽象的图案，以及绚丽的色彩等。选取蝴蝶的双翅形状作为领子的廓型，形成一个超大的领子，同时巧妙地利用带有触角形状的头部，与双翅同构，正好与蝴蝶的身体结构吻合。为了凸显蝴蝶双翅的外形，胸部以下都被设计得非常紧身，拖地的裙摆做了一个圆角的造型，使整体廓型由上至下呈现"大—小—大"的变化，既体现了分明的层次感，又保持了视觉重心的平衡。此外，蝴蝶的图案与翅膀的外轮廓线完美结合，同时使用了反差较大的色彩。从整体上来看，服饰的外形、图案、色彩都充分显示了蝴蝶的特点，同时凸显了女性曼妙的身姿。

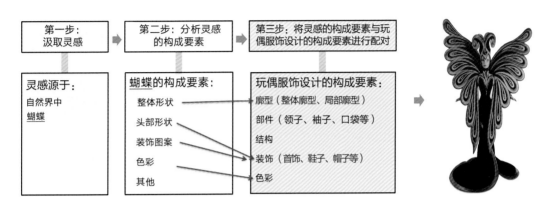

图 9-13　玩偶服饰设计《蝴蝶芭比》创意解析

　　经典的世界名画也是许多设计师喜欢挖掘的灵感宝藏。如图 9-14 所示，芭比娃娃服饰的灵感来自 19 世纪著名画家莫奈的油画《池塘·睡莲》。从视觉上可以看出，油画的主要构成要素是作为画面主体内容的平面图案，包括睡莲形状、荷叶造型及主色调等。设计者将油画图案直接用于面料图案，将莲花的立体造型用作装饰，多层的荷叶边装饰弥补了廓型单调的不足，同时引用了油画的蓝灰调，凸显了色调特点。从整体上来看，服饰呈现出一种上小下大的 A 字形，体现了一种优雅、浪漫的法国古典气息。

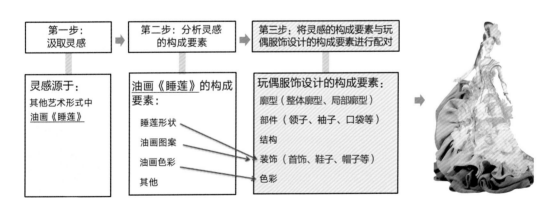

图 9-14　玩偶服饰设计《睡莲芭比》创意解析

　　使用具有标识性的文化元素进行玩偶服饰设计，可以很好地体现创意的独特性。如图 9-15 所示，玩偶服饰的灵感来自国际象棋。国际象棋主要包括两部分，即黑白相间的棋盘和棋子。设计者将有棋盘图案的面料用于服饰。另外，服饰整体上采用了棋盘的黑、白色调。为了弥补设计的单调，设计者采取了大小图案结合的方式。此外，设计者将裙摆做了左右不对称的处理。玩偶左肩上的蝴蝶结与右侧裙摆图案一致，使人在视觉上形成了一种呼应与平衡之感。棋盘图案的腰带将服饰分成上下两部分，加上右侧略长的裙摆，使服饰形成长、中、短 3 个不同的长度，比例适中，且具有节奏感。

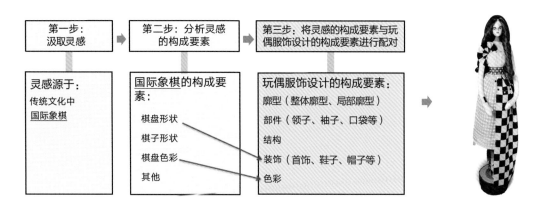

图 9-15　玩偶服饰设计《国际象棋》创意解析

在逐步完成服饰设计的过程中，即使灵感本身已经变得面目全非，但它依然会以不同的形式蕴含在服饰中。这是因为追根溯源，服饰是由它演变而来的，终稿或多或少会带有它的踪迹和影子，这也正是体现作品原创性的关键要素。

在这一阶段，设计者可以利用"三步原创设计法"将所选择的灵感的构成要素变成玩偶服饰设计的构成要素，并使用粗略的草图来表现构思。

二、玩偶服装的廓型设计：完成廓型设计

这一阶段的主要任务是优化粗略的草图，明确服装的廓型。廓型设计可以分为两种，一种是灵感的形态用于服饰的廓型，这是因为在一些灵感的构成要素中，有些要素比较适合作为服装的廓型。如图 9-13 所示，因为蝴蝶有一个完整的整体外形，所以将蝴蝶的整体形象用于服装的廓型。而有些灵感的构成要素则与服装廓型的契合度不高，但用于其他设计要素中又比较合适。如图 9-14 所示，因为油画的画面是最能够体现灵感特点的构成要素，所以将油画的画面图案直接用于服饰面料的装饰图案，这对于体现服饰创意来说，是非常好的选择。另一种是遵从美的形式法则，结合字母形与几何形等廓型进行服饰的廓型设计。

无论选择哪种服装廓型的设计方法，都要进一步优化创意雏形，使灵感的形态能够与服装的结构有机融合。每个灵感源的形态特点都是独特的，如果将其用于形态中，那么必须结合玩偶的结构进行优化。根据玩偶的结构可知，服装需要有领子、袖子、腰部、下摆等结构才能穿到玩偶身上。因此，必须根据灵感的形态特点，选择适合的玩偶部位，设计相关的结构。如图 9-13 所示的《蝴蝶芭比》，将展开的蝴蝶形象与领子结合，使领子像一对展开的蝴蝶翅膀；如图 9-12 所示的《玫瑰芭比》，将玫瑰的花冠与上衣结合，花托部分刚好锁定在腰部；如图 9-14 所示的《睡莲芭比》，使用印有油画图案的布制作成宽大的裙子，充分展示了油画的内容与色彩意境。

根据粗略的草图设计玩偶服装的廓型，是服装款式的基础和关键。服装的廓型主要与服装的长度、宽度与围度有关。决定服装的廓型的关键部位主要包括肩部、腰部、

底部。廓型设计指轮廓设计，其中领子、袖子等都包含其中。

　　粗略的草图经过优化后，玩偶服装的廓型设计草图基本完成。

三、玩偶服饰的细节设计：完成细节设计

　　如果说廓型是服装的外轮廓，那么现在着重要完成的，就是服装的内部设计。内部设计主要指对玩偶服装的结构、衣片的分割、部件造型、口袋等局部的处理，主要包括领口形状的设计，以及领子与正身衣片的连接方式的设计，是翻领、盘领还是荡领等；袖子形状的设计，以及袖子与正身衣片的连接方式的设计，是装袖、插肩袖还是连肩袖等；袖子与袖口的连接方式的设计；门襟位置的设计，是偏门襟、侧门襟还是短门襟等；腰部与裙片或裤片的连接方式的设计，是正常高度、低腰还是中腰等。

　　这一阶段的草图要注意设计的整体性。玩偶服饰设计与现代服饰设计相似，都是一种整体性的设计。服饰设计是对人体着装状态的一种设计，着装状态是所有元素呈现出来的一种整体视觉效果，而不是专指某一件或一套服饰、某一件饰品的设计效果。同理，玩偶服饰首先体现的也是一种整体的美，这种美是通过对服装的廓型、结构、材质、色彩、图案、配件，以及与服装有关的各种饰品进行综合设计与搭配而形成的。当单个玩偶呈现在我们面前时，此玩偶及其服饰应呈现出一种整体的协调美。服饰的美是服饰本身的形式美，主要表现在服装的廓型、结构、材质、色彩等视觉元素的形式美中；其次，服饰的美体现在饰品与服装的协调统一中。饰品一般包括鞋子、帽子、包袋等有"实用"功能的饰品，还包括纯粹有装饰功能的饰品，如头、耳、颈、胸、腿等部位的饰品。其中，少量饰品兼具实用与装饰两种功能，如发夹、腰带等。在服饰设计中，服装和饰品既各司其职，又不可分割、相互映衬。服装决定了玩偶服饰的整体风格，而饰品则呼应和强调风格，起画龙点睛的作用。如果没有饰品，那么服装将显得单调，缺乏层次、品质、灵气和韵味；反之，如果没有服装，那么饰品将无所依附，零散孤立，不成气候。饰品一般在造型风格、材质、色彩等方面应与服装保持协调一致。如图9-16所示，服装整体上呈现X形，蓝、白两色穿插有致。蓝色的头饰和腕饰与服装的主色协调统一，上衣的镂空图案与裙子的格纹图案也相映成趣。如图9-17所示，紧致与宽松使服装形成鲜明的节奏感，浅蓝色上衣与白色裤子形成淡雅的浅色调。腰部的装饰质感优雅，与服装

图9-16　玩偶服饰的细节设计1

设计者：浙江师范大学儿童发展与教育学院动画专业（动漫衍生设计方向）2016级陈倩颖

的整体风格相协调，同时在色调上也与服装的色调协调一致。如图 9-18 所示，蓝色的纱质披肩与裙子的绲边及图案色彩相呼应。总之，在玩偶服饰设计中，服装和饰品要同时考量。

图 9-17　玩偶服饰的细节设计 2

设计者：浙江师范大学儿童发展与教育学院动画专业

（动漫衍生设计方向）2016 级付现荣

图 9-18　玩偶服饰的细节设计 3

设计者：浙江师范大学儿童发展与教育学院动画专业

（动漫衍生设计方向）2016 级沈纯冰

此外，服饰的美也离不开精良的制作工艺。制作工艺和玩偶服饰中的每个视觉元素相辅相成。比如，服装的结构是通过相应的裁剪和缝纫技术制作出来的，也就是说，在呈现结构的同时，工艺水平也同时表现出来。如果工艺粗糙，那么服装的结构线就会歪歪扭扭，直接影响结构线的视觉效果，进而会严重影响服饰的形式美。如果工艺精良，那么每条结构线的形态都会干净、优美，服装的品相也就会大大提升。

经过廓型与结构的设计后，玩偶服饰设计草图基本完成。

四、统一风格下的玩偶服饰系列设计：完成服饰系列设计

为了充分展现服饰的主题，或者满足市场开发的需要，通常玩偶服饰需要进行系列设计。所谓服饰系列设计，是一种在服饰设计中运用相同或相似的廓型、结构、色调、面料、装饰手段设计成既有重复又有变化的风格一致的成组服饰。服饰系列设计最少应为 3 套，一般一个服饰系列设计为 3 ～ 10 套不等，也有 20 ～ 30 套之间的特大服饰系列设计。

玩偶服饰系列一定要呈现出一致的风格。如果没有呈现出一种整体风格，那么玩偶服饰在外形上就会呈现出一种拼凑、模糊及支离破碎的样貌，就难以形成和谐且丰富的形式美感。玩偶服饰的风格分类与成人服饰一样，这里不进行叙述。在内容上，如果没有呈现一种整体风格，那么就不会体现一种主题倾向。主题体现了一种独特的创意与审美倾向，各种不同的艺术形式都强调作品的主题。作品的主题是设计者和受众共同的情感记忆和符号语言，作品一旦没有主题，就很难在情感上与受众产生共鸣。儿童的玩偶服饰系列必须有一个统一的主题，这样其外观、结构等才会具有明显的符号性。如果符号指的是儿童熟悉的、具有某一典型形象特点的物体，那么具有"延迟模仿"能力的儿童就会将玩偶与自己已有的认知体验结合起来开展游戏。反之，如果没有一种主题被呈现，那么玩偶服饰作品就不能反映一定的情境，从而会失去其作为玩具的游戏引导性。

在进行玩偶服饰系列设计时，可以先根据第一套服饰的构思图，从廓型、色彩、面料、装饰 4 个方面的相似性中求得统一，再展开其他多套服饰的设计，使之与第一套服饰形成系列感。在玩偶服饰系列设计中，多套服饰之间存在一定的联系，必定有着某种延伸、扩展的元素，有着形成鲜明的系列产品的动因关系。每个系列的服饰在多个元素的组合中表现出来的次序性与和谐的美感特征，是玩偶服饰系列的基本要求。图 9-19 所示为可儿娃娃"大家闺秀"系列，虽然 4 套服饰各不相同，但其在廓型、包边工艺、饰品等方面相同或相似，这使得 4 套服饰的系列感极强。图 9-20 所示为贝兹娃娃系列。由于贝兹娃娃系列服装的廓型一致，因此充分体现了产品的系列感。

图 9-19　可儿娃娃"大家闺秀"系列 （图片来源：百度官网）

图 9-20　贝兹娃娃系列（图片来源：必应官网）

（一）相同或相似的廓型形成系列

不同服装具有相同或相似的廓型，容易形成系列感。因此，可以先按照第一套服装的廓型设计其他服装，再通过变化色彩、面料或局部结构，形成一系列既统一又有变化的服装。当服装的廓型相同或相似时，其他可变化的元素还是挺多的，如领口的高低变化，上装与下装的比例变化，袖子的长短、松紧变化，口袋的大小、位置变化等。图 9-21 所示为玩偶服饰系列设计《X》，4 套服装都以字母 X 形作为统一的廓型，表现为肩部和臀部放大，腰部收紧。此外，在服装的色彩、比例、装饰图案等方面有很多变化，使其看起来丰富而和谐。

（二）相同或相似的色彩形成系列

色彩是服饰外观非常突出的视觉元素，不同服饰利用相同或相似的色彩很容易形成系列感。利用第一套服饰的色调及色彩组合关系形成多套服饰的系列感，有两种设计方法。一种方法是，将第一套服饰的色彩进行不同组合、呼应、穿插等变化，使服饰的整体色彩效果既和谐统一又富于变化。图 9-22 所示为玩偶服饰系列设计《蝴蝶飞飞》，利用不同明度的粉色与蓝灰色进行组合应用，统一的色调使 4 套服饰体现了极强的系列感。另一种方法是，在第一套服饰中，先选择其中一种或两种所占面积较大的色调作为系列服饰的色调主色调，再选择其他颜色作为次色调进行穿插搭配，也可以获得既和谐统一又富于变化的色彩效果。两种色彩设计方法都可以使不同服饰形成较强的系列感。

图 9-21　玩偶服饰系列设计《X》

设计者：浙江师范大学儿童发展与教育学院动画专业（动漫衍生设计方向）2013 级王鸣

图 9-22　玩偶服饰系列设计《蝴蝶飞飞》

设计者：浙江师范大学儿童发展与教育学院动画专业（动漫衍生设计方向）2018 级陈怡

（三）相同或相似的面料形成系列

利用统一的面料对比或组合方式可以使不同的服饰形成系列感。服饰设计要想得到良好的效果，就必须充分发挥面料的特色，使面料特色与服饰造型的风格完美结合，相得益彰。因此，了解不同面料的外观和性能，是做好玩偶服饰设计的基本前提，如肌理织纹、图案、塑形性、悬垂性等面料属性。

在玩偶服饰系列设计中，可以以一种面料为主，搭配其他不同质感的面料，在不同服饰中反复使用。例如，选择一些平纹组织的面料与其他特殊肌理的面料，如起皱、拉毛、起绒、水洗、砂洗等进行搭配。又如，使用一些带有图案花纹的面料与相同质感的素色面料进行搭配。将这些搭配方式在所有服饰中反复使用，既可以形成服饰的系列感，又可以使服饰的视觉效果更加丰富。图 9-23 所示为玩偶服饰系列设计《丛林》，绿色、咖啡色、毛皮及三色边条等材料在 4 套服饰中以不同的部位和形式反复出现，使 4 套服饰在变化中又有统一，在统一中又有变化，具有较强的系列感。

图 9-23 玩偶服饰系列设计《丛林》

设计者：浙江师范大学儿童发展与教育学院动画专业（动漫衍生设计方向）2017 级王清怡

（四）相同或相似的装饰形成系列

相同或相似的装饰是服饰系列设计不可忽略的设计方法，且装饰与服装的结构有机结合，进一步丰富了服饰造型。

装饰工艺是玩偶服饰装饰中的一种，主要指与服饰造型有着直接关系的工艺，如刺绣、抽纱、补花、挑花、拼贴、镶饰、绲边等。这类工艺手段极为细腻、精美，可以凸现出极佳的装饰效果。因此，将统一的装饰工艺与不同的服饰造型有机结合，是一种增强服饰系列感的有效途径与方法。

服饰配件是玩偶服饰的另一种装饰，也是服饰系列设计中的一个重要设计要素。在一组造型各异的服饰中，可以利用相同的配件统一整体风格，如相同的帽子、头巾等；相反，如果一组服饰造型过于统一、单调，那么可以利用不同图案、色彩、材质的配件求得变化，如利用披肩、头饰、包袋等进行装饰，这样可以有效地增加服饰的变化。

一般在玩偶服饰系列设计中，为了强化服饰的系列感，往往会用到两个以上的相同或相似点，以使服饰的系列化程度更高。在图 9-24 所示的玩偶服饰中，运用了相同的色彩和面料，以及相同的荷叶边与穿绳等装饰，使 4 套服饰的系列感非常强。

图 9-24　玩偶服饰系列设计《焰火》

设计者：浙江师范大学儿童发展与教育学院动画专业（动漫衍生设计方向）2014 级胡淑妮

至此，利用廓型、色彩、面料或装饰等设计要素的相似性使多套玩偶服饰形成系列感后，主题性的服饰系列设计草图基本完成。

五、基于儿童游戏活动的进一步优化设计

在廓型和细节设计完成后，下面要以游戏的角度来审视之前所做的工作。这一环节要思考"儿童可以怎么玩"这一问题。带着这一问题，审视每个设计要素，对每个可以预设游戏的设计要素进行优化。具体可以从廓型、部件与装饰的结构、材质等方面着手，预设健康、语言、艺术、社会、科学 5 种游戏活动，在不影响原有造型的基础上，对设计方案进行优化。

至此，一系列风格统一且预设儿童若干游戏活动的玩偶服饰设计草图基本完成。

六、完成玩偶服饰系列设计效果图与结构图

这一个环节主要是将玩偶服饰设计方案进行精致的视觉表现。首先，根据个人特长，选择图形表现的方式，是选择手绘，还是使用计算机画图软件绘制。其次，按照前文介绍的绘画步骤，逐一完成设计效果图与结构图。图 9-25 所示为使用计算机画图软件绘制完成的设计效果图与结构图。其廓型、结构、部件、饰品、色彩等构成要素的表现都非常清晰。

（a）效果图

图 9-25　玩偶服饰系列设计《女神》

（b）结构图

图 9-25　玩偶服饰系列设计《女神》（续）

设计者：浙江师范大学儿童发展与教育学院动画专业（动漫衍生设计方向）2018级漆胜超

第二节 玩偶服饰设计效果图案例展示与创意分析

一、玩偶服饰系列设计《江南》作品分析

图 9-26 ～图 9-34 所示为玩偶服饰系列设计《江南》效果图。作品灵感源于江南的传统印花布。江南女子素有温婉贤淑的美誉，作品采取逆向思维的设计方式，使玩偶形象焕发出一种优雅、洒脱与帅气的时尚气质。作品突出的亮点是采用几何分割的方式，使服饰造型与结构既变化丰富又和谐统一，形成强烈的系列感。此外，作品中巧妙地融入了多种造型元素，如蓝印花布图案、西式的领子和垫肩，以及嬉皮士服饰的流苏等，体现了东方与西方、传统与现代等维度的跨文化融合。另外，作品中将传统的蓝印花布、硬朗的黄色材质与柔美、飘逸的纱织面料巧妙地糅合在一起，显得既干练、硬朗又不失优雅、柔美。不仅整体作品色调明快，色块的分割与穿插丰富而和谐，而且每件作品的色彩关系也非常和谐且美观。因为系列作品由丰富的单元件组成，可以自由组合，所以有多种搭配。如果按照设计方案制作实物，那么作品应该会具有较高的可玩性。

图 9-26　玩偶服饰系列设计《江南》效果图

设计者：浙江师范大学儿童发展与教育学院动画专业（动漫衍生设计方向）2016 级金俊宏

图 9-27　玩偶服饰系列设计《江南》效果图之一（正面、背面）

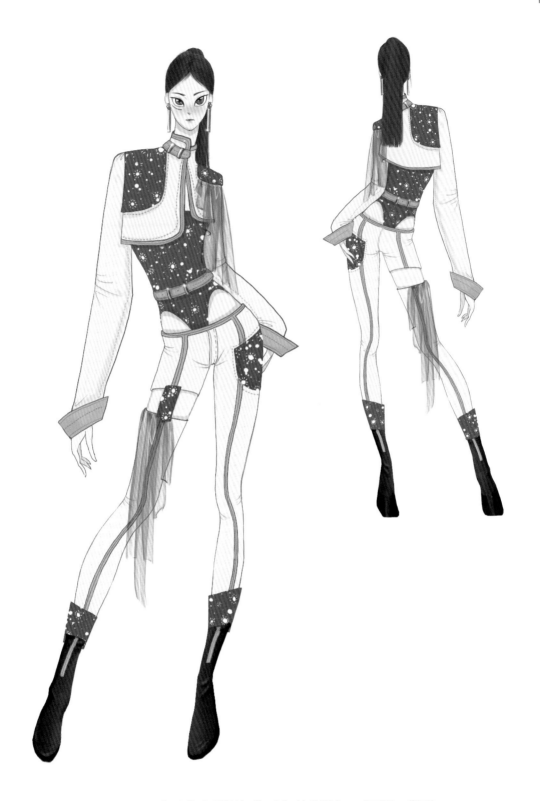

图 9-28　玩偶服饰系列设计《江南》效果图之二（正面、背面）

图 9-29　玩偶服饰系列设计《江南》效果图之三（正面、背面）

图 9-30　玩偶服饰系列设计《江南》效果图之四（正面、背面）

图 9-31　玩偶服饰系列设计《江南》效果图之五（正面、背面）

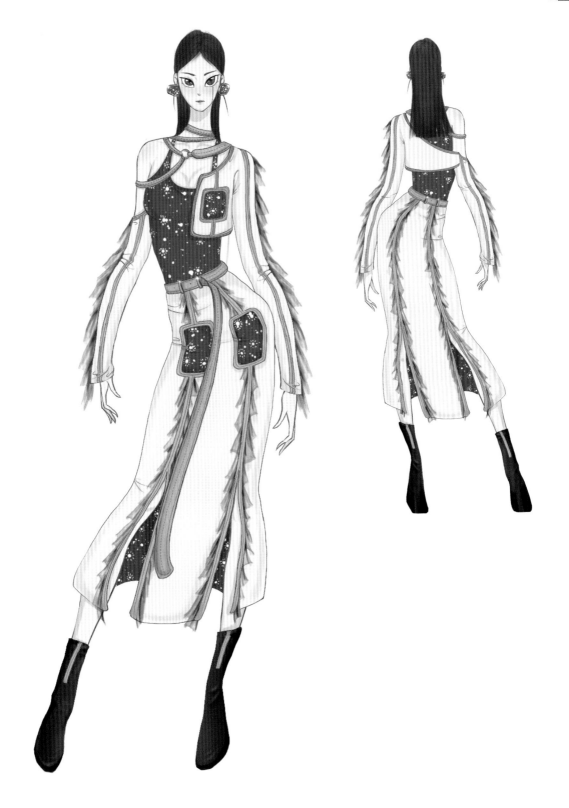

图 9-32　玩偶服饰系列设计《江南》效果图之六（正面、背面）

图 9-33　玩偶服饰系列设计《江南》效果图之七（正面、背面）

图 9-34 玩偶服饰系列设计《江南》效果图之八（正面、背面）

二、玩偶服饰系列设计《蝶趣》作品分析

图 9-35 所示为玩偶服饰系列设计《蝶趣》效果图。作品灵感源于美丽的蝴蝶。作品将蝴蝶的外形、图案、色彩等元素巧妙地运用于廓型、部件及布的图案中，使其宛若蝴蝶一样，灵动、美丽。4 套服装不仅廓型各不相同，而且内部结构有丰富的变化，特别是蝴蝶外形，与服装部位结合得非常巧妙。在紫色中穿插了丰富的近似色调，使整个色调在统一中又富有变化。此外，少量的黄色与紫色形成强烈的对比关系，而分散的色块淡化了二者之间的冲突，增加了调和的效果。在作品中，组合式的廓型、形象的图案，以及饰品等，可以引导儿童展开丰富的想象与开展游戏活动。

图 9-35　玩偶服饰系列设计《蝶趣》效果图

设计者：浙江师范大学儿童发展与教育学院动画专业（动漫衍生设计方向）2018 级温艳香

三、玩偶服饰系列设计《夜》作品分析

　　图 9-36 所示为玩偶服饰系列设计《夜》效果图。作品灵感源于幽静的夜空。虽然作品中的每套服装的廓型各不相同，但是通过对相同或相似的色彩、材质、图案及饰品等元素的巧妙运用，4 套服饰形成强烈的系列感。对比色调的运用，使作品显得沉稳、明快而优雅。蓝色体现了静谧的夜空，白色的运用增加了作品的明度变化，使用浅蓝色的透明材质在反差较大的深蓝色与白色之间增加了柔和的作用，少量黄色的运用增加了整个色调的活力。作品整体上造型优美，搭配和谐、精致。另外，在作品中，长短有致的外披、局部结构、单元件、饰品等都预设了丰富的游戏活动。

图 9-36　玩偶服饰系列设计《夜》效果图

设计者：浙江师范大学儿童发展与教育学院动画专业（动漫衍生设计方向）2018 级陆单丹

四、玩偶服饰系列设计《汉韵》作品分析

图 9-37 所示为玩偶服饰系列设计《汉韵》效果图。作品灵感源于中国传统的汉服。领子、门襟与袖口等处的设计结合了汉元素，廓型的设计进行了大胆的创新。4 套服饰均采用腰部合体的设计，其中 3 套服饰还收短了上衣比例，露出了美丽的腰身。作品将对应色调进行组合，虽色调沉静，但在使用带有浅色图案的面料进行穿插与点缀后，整个作品不失活泼与灵动。作品整体上超越传统汉服的持重典雅，显示出少女活泼、俏皮的青春气息，是传统服饰进行大胆创新的成功案例。

图 9-37 玩偶服饰系列设计《汉韵》效果图

设计者：浙江师范大学儿童发展与教育学院动画专业（动漫衍生设计方向）2019 级徐启华

五、玩偶服饰系列设计《芳华》作品分析

图 9-38 所示为玩偶服饰系列设计《芳华》效果图。作品灵感源于初夏充满勃勃生机的原野，有葱郁的草地、清澈的池塘、盛开的朵朵莲花等，这些信息主要通过面料得以体现。作品整体上腰身紧致，但通过肩、袖子、裙子下摆等部位的造型、围度与长度等变化，廓型又呈现出各不相同的特点。服饰中不仅用到了中国传统的绲边与盘扣，而且搭配颇具时尚感的几何形图案饰品与马丁靴，使作品呈现出一种混搭的后现代风格。作

品色彩饱和，绿色中又有多种近似色的变化，雅致的浅红色穿插其中，使整体色调既对比又协调。大量盘扣的运用，加上单元件的设计，增加了服饰的参与感和可玩性。

图 9-38　玩偶服饰系列设计《芳华》效果图

设计者：浙江师范大学儿童发展与教育学院动画专业（动漫衍生设计方向）2019 级杨予辰

六、玩偶服饰系列设计《火烈鸟》作品分析

图 9-39 为玩偶服饰系列设计《火烈鸟》效果图。作品灵感源于优雅迷人、羽色艳丽的火烈鸟。作品中将火烈鸟的色彩、翅膀外形、羽毛等元素用于服饰的色彩、衣片、饰品中。4 套服饰虽然廓型相似，但在局部的外形与结构上又有着比较丰富的变化。例如，上衣的领口与胸部形状装饰的变化、裙子的比例等。作品采取纯色调与中灰调组合应用的方式，整体色调体现了火烈鸟艳丽的色彩特点，其间点缀少量的白色，降低了纯色调的燥性，使整体色调既浓烈，又不失和谐的美感。作品创意独特，造型丰富而又协调，体现了人与自然的和谐统一。不同材质的对比，不仅使作品给人的视觉效果更加丰富，而且会增加儿童的好奇心与探究兴趣。

图 9-39 玩偶服饰系列设计《火烈鸟》效果图

设计者：浙江师范大学儿童发展与教育学院动画专业（动漫衍生设计方向）2019 级林凡

第三节 玩偶服饰设计成品图案例展示与创意分析

一、玩偶服饰系列设计《虎女郎》作品分析

图 9-40～图 9-47 所示为玩偶服饰系列设计《虎女郎》成品图。作品的灵感源于老虎的形象。作品中服装的廓型变化不多，主要特点体现在对不同材质的巧妙运用上。作品中的服饰由人造毛、几种不同鸟类的羽毛、细腻的布、透明纱、麻绳、人造矿石、枯枝等材料制作完成。作品整体上采用黑、白色调，虽为无彩色，但蕴含"大道至简"的哲学意味。服饰的细节与服饰的搭配都处理得精巧、细致，每套服饰均自成一格，都可以称得上是一件完美的艺术品。作品将野性与优雅、人与自然、虚与实等特质巧妙地融合在一起，不仅体现了一种独特的想象力与创造力，而且体现了一种人与自然和谐共生的环保理念。

图 9-40 玩偶服饰系列设计《虎女郎》成品图

设计者：浙江师范大学儿童发展与教育学院动画专业（动漫衍生设计方向）2012 级马成林

图 9-41　玩偶服饰系列设计《虎女郎》成品图之一

图 9-42 玩偶服饰系列设计《虎女郎》成品图之二

图 9-43　玩偶服饰系列设计《虎女郎》成品图之三

图 9-44　玩偶服饰系列设计《虎女郎》成品图之四

图 9-45　玩偶服饰系列设计《虎女郎》成品图之五

图 9-46　玩偶服饰系列设计《虎女郎》成品图之六

图 9-47　玩偶服饰系列设计《虎女郎》成品图之七

二、玩偶服饰系列设计《山海仙侠》作品分析

图 9-48 ～图 9-57 所示为玩偶服饰设计《山海仙侠》成品图。作品以《山海经》中的故事及人物形象为原型展开设计思路，探索能够开展多种玩法的、切实可行的玩偶服饰设计方法。之所以以《山海经》中的故事及人物形象为原型展开设计思路，理由有三。第一，当下国学思潮盛行，且对传统文化的传承与发展备受儿童教育领域的重视。而《山海经》是我国传统文化中的经典著作之一，以其中的故事及人物形象为原型，面向儿童探索传统文化传承与发展的新思路，具有一定的理论意义与实践价值；第二，通过调研发现，儿童对《山海经》中的故事及人物形象有一定的认知，这为儿童利用玩偶服饰开展游戏活动奠定了基础。目前，图书市场有许多少儿版的《山海经》绘本故事，这使得《山海经》在儿童中的普及率较高，熟悉的故事及人物是儿童开展游戏活动的前提；第三，《山海经》中的故事及人物充满奇幻色彩，非常符合儿童的思维特点。为此，本系列服饰的设计运用可拆解的多种结构及可探索的丰富材质等设计手段，预设了健康、语言、社会、科学、艺术 5 种游戏活动。作品整体上风格统一，造型变化丰富，色调既统一和谐又层次丰富。同时，每个作品自成一种风格，造型完整、独特、优美。

图 9-48　玩偶服饰系列设计《山海仙侠》成品图

设计者：浙江师范大学儿童发展与教育学院动画专业（动漫衍生设计方向）2017 级王琴茜、邱尹彤、梦紫轶

图 9-49 玩偶服饰系列设计《山海仙侠》之陵鱼成品图

设计者：浙江师范大学儿童发展与教育学院动画专业（动漫衍生设计方向）2017 级土琴茜

图 9-50　玩偶服饰系列设计《山海仙侠》之蚩成品图

设计者：浙江师范大学儿童发展与教育学院动画专业（动漫衍生设计方向）2017 级王琴茜

图 9-51 玩偶服饰系列设计《山海仙侠》之夫诸成品图

设计者：浙江师范大学儿童发展与教育学院动画专业（动漫衍生设计方向）2017 级王琴茜

图 9-52　玩偶服饰系列设计《山海仙侠》之句芒成品图

设计者：浙江师范大学儿童发展与教育学院动画专业（动漫衍生设计方向）2017 级邱尹彤

图 9-53 玩偶服饰系列设计《山海仙侠》之女娲成品图

设计者：浙江师范大学儿童发展与教育学院动画专业（动漫衍生设计方向）2017 级邱尹彤

图 9-54　玩偶服饰系列设计《山海仙侠》之权疏成品图

设计者：浙江师范大学儿童发展与教育学院动画专业（动漫衍生设计方向）2017 级邱尹彤

图 9-55　玩偶服饰系列设计《山海仙侠》之苗民成品图

设计者：浙江师范大学儿童发展与教育学院动画专业（动漫衍生设计方向）2017 级梦紫轶

图 9-56 玩偶服饰系列设计《山海仙侠》之九尾狐成品图

设计者：浙江师范大学儿童发展与教育学院动画专业（动漫衍生设计方向）2017 级梦紫轶

图 9-57　玩偶服饰系列设计《山海仙侠》之羽人成品图

设计者：浙江师范大学儿童发展与教育学院动画专业（动漫衍生设计方向）2017 级梦紫轶

三、玩偶服饰系列设计《中世纪》作品分析

图 9-58 所示为玩偶服饰系列设计《中世纪》成品图。作品灵感源于中世纪服饰。虽然服饰中添加了中世纪服饰中的披风、领饰、紧身胸衣等元素，但是服装的廓型、材质等设计具有一定的现代感。作品整体上造型优美，色调和谐，饰品精巧、细致。

图 9-58　玩偶服饰系列设计《中世纪》成品图

设计者：浙江师范大学儿童发展与教育学院动画专业（动漫衍生设计方向）2015 级叶菁

四、玩偶服饰系列设计《棋缘》作品分析

图 9-59 所示为玩偶服饰系列设计《棋缘》成品图。作品灵感源于国际象棋。服饰采用了带有国际象棋棋盘图案的面料，与白色面料搭配协调且优雅。裙子采用不对称、不等长的处理，增加了活泼感。不同大小的图案丰富了服饰的视觉效果。肩部与头部的装饰与服饰呼应，增加了装饰性与平衡感，精巧且别致。作品整体上和谐、优美。

图 9-59 玩偶服饰系列设计《棋缘》成品图

设计者：浙江师范大学儿童发展与教育学院动画专业（动漫衍生设计方向）2015 级吴淑涵

五、玩偶服饰系列设计《小丑》作品分析

图 9-60 所示为玩偶服饰系列设计《小丑》成品图。作品灵感源于小丑的服饰。服饰中添加了帽子、面料等元素，服装的廓型、材质等设计具有一定的现代感。作品整体上造型变化丰富，黑、白、红的色彩节奏明快，色块穿插适中，为反差较大的色彩增加了和谐感。

图 9-60　玩偶服饰系列设计《小丑》成品图

设计者：浙江师范大学儿童发展与教育学院动画专业（动漫衍生设计方向）2015 级金雅萍

六、玩偶服饰系列设计《大眼睛》作品分析

图 9-61 所示为玩偶服饰系列设计《大眼睛》成品图。作品灵感源于 20 世纪 70 年代的嬉皮士服饰。服饰中添加了破洞裤、卡通图案，以及随意缠绕的彩绳等元素，表达了嬉皮士自由与不羁的个性。此外，材质搭配丰富而别致，色调和谐，整体风格独特。

图 9-61　玩偶服饰系列设计《大眼睛》成品图

设计者：浙江师范大学儿童发展与教育学院动画专业（动漫衍生设计方向）2016 级周涵

七、玩偶服饰系列设计《古风》作品分析

图 9-62 所示为玩偶服饰系列设计《古风》成品图。作品灵感源于汉服。服饰中不仅添加了汉服中的罩衫直领、圆袂、吊饰等元素，而且在汉服基础上又进行了大胆创新。图 9-62（b）中的服饰采用了超短外形，以及不规则下摆，且面料中加入了透明材质。服饰的色调具有民族感，艳而不俗，面料中的图案与色彩在统一中又有含蓄的变化。作品整体上造型美观，色彩和谐，风格既典雅又时尚。

（a）　　　　　　　　　　　　　　　（b）

图 9-62　玩偶服饰系列设计《古风》成品图

设计者：浙江师范大学儿童发展与教育学院动画专业（动漫衍生设计方向）2017 级王琴茜

八、玩偶服饰系列设计《玉兰英姿》作品分析

图 9-63 所示为玩偶服饰系列设计《玉兰英姿》成品图。作品灵感源于洁白的玉兰花。作品中将花瓣造型运用在服饰中的不同部位。作品在材质设计上比较大胆。透明的外披材质、不同肌理的白色布，以及白色布的装饰金边等，使作品在外观上颇具新意。

图 9-63　玩偶服饰系列设计《玉兰英姿》成品图

设计者：浙江师范大学儿童发展与教育学院动画专业（动漫衍生设计方向）2015 级邱尹彤

九、玩偶服饰系列设计《梨园》作品分析

图 9-64 所示为玩偶服饰系列设计《梨园》成品图。作品灵感源于中国传统的京剧服饰。服饰中不仅添加了京剧服饰中的凤冠、吊饰等元素，而且在京剧服饰的基础上又进行了大胆创新。例如，廓型采用了颇具现代感的时装造型，面料采用了透明的压褶及机绣面料。服饰的色调具有民族感，艳而不俗。作品整体上造型优雅、美观，色彩艳丽、和谐，虽系列感很强，但又自成一体。

图 9-64　玩偶服饰系列设计《梨园》成品图

设计者：浙江师范大学儿童发展与教育学院动画专业（动漫衍生设计方向）2019 级黄雯洁、徐启华

▌拓展阅读书目推荐

朱洪峰，《服装创意设计与案例分析》，中国纺织出版社，2017 年 11 月。

陶音，《灵感作坊 服装创意设计的 50 次闪光》，中国美术学院出版社，2007 年 10 月。

思考与练习

自定主题，设计一个系列（4 套）的玩偶服饰。

要求：

1．作品具有原创性。

2．服饰设计中预设健康、语言、社会、科学、艺术 5 种不同的游戏活动。

3．完成玩偶服饰系列设计效果图与结构图。

4．任选两张设计图制作成实物。

本章讲课视频

参考文献

[1] 吴永，胡静．十万个不要 服饰篇 [M]．北京：农村读物出版社，1991．

[2] 马德东．浅析服装艺术风格定位的基准 [J]．山东纺织经济，2003（11）：52-53．

[3] 苗莉，王文革．服装心理学 [M]．北京：中国纺织出版社，2000．

[4] 赫洛克．服装心理学 [M]．吕逸华，译．北京：纺织工业出版社，1986．

[5] 张萌．西方服装人偶发展历程研究 [D]．苏州：苏州大学，2015．

[6] 冯泽民，齐专家．服装发展史教程 [M]．北京：中国纺织出版社，1998．

[7] 林山．让我们成功的优秀品质——勤奋 [M]．哈尔滨：黑龙江美术出版社，2017．

[8] 李光斗，肖明超．芭比娃娃风靡全球五十载 [J]．中国品牌，2009（2）：150-152．

[9] 杨枫．学前儿童游戏 [M]．北京：高等教育出版社，2006．

[10] 张锦庭．孩子成长的关键期 [M]．广州：华南理工大学出版社，2017．

[11] 联合国教科文组织国际教育发展委员会．学会生存：教育世界的今天和明天 [M]．华东师范大学比较教育研究所，译．北京：教育科学出版社，1996．

[12] 秦金亮．儿童发展概论 [M]．北京：高等教育出版社，2008．

[13] 赵洪，于桂萍．幼儿园教育活动设计与指导 [M]．北京：北京理工大学出版社，2019．

[14] 段婷．服装款式设计 [M]．石家庄：河北美术出版社，2009．

[15] 王琦．服装结构设计 [M]．银川：阳光出版社，2018．

[16] 宋科新．服装结构设计 [M]．上海：东华大学出版社，2018．

[17] 韩静．服装设计 [M]．长春：吉林美术出版社，2004．

[18] 王府梅．服装面料的性能设计 [M]．上海：东华大学出版社，2000．

[19] 石历丽．服装面料再造设计 [M]．西安：陕西人民美术出版社，2009．

[20] 赵蔓菲．服装与服饰品运用设计 [M]．杭州：西泠印社出版社，2008．

[21] 尤艳利．幼儿教师如何培养活动设计能力 [M]．天津：天津教育出版社，2019．

[22] 张红旗，幼儿园教师与儿童科学活动 [M]．长春：东北师范大学出版社，2010．

[23] 李莉婷．服装色彩设计 [M]．北京：中国纺织出版社，2004．

[24] 陈小清．色彩构成与设计 [M]．广州：广东科技出版社，1996．

[25] 朝仓直巳．艺术·设计的色彩构成 [M]．赵郧安，译．北京：中国计划出版社，2000．

[26] 格尔曼．数字时代儿童产品设计 [M]．倪裕伟，译．武汉：华中科技大学出版社，2017．

[27] 杜莹，邹渊．服饰设计 [M]．济南：山东美术出版社，2009．

[28] 沈雷．针织服装艺术设计 [M]．3 版．北京：中国纺织出版社，2019．

[29] 周丽娅．系列女装设计 [M]．北京：中国纺织出版社，2001．